종합검진에 절대 목숨걸지 마라

종합검진에 절대 목숨걸지 마라

박민선 지음

21세기사

종합검진에 절대 목숨걸지 마라

초판 1쇄 인쇄   2015년 12월 1일
초판 1쇄 발행   2015년 12월 10일

지 은 이   박민선
펴 낸 이   이범만
발 행 처   **21세기사**
기   획   출판기획전문 (주)엔터스코리아
등   록   제406-00015호
주   소   경기도 파주시 산남로 72-16 ((10882))
전   화   031)942-7861 ┃ 팩스 031)942-7864
홈페이지   www.21cbook.co.kr
e-mail   21cbook@naver.com
I S B N   978-89-8468-628-1

속이 쓰리면 위내시경을 하고 설사가 잦으면 대장내시경을 하고, 머리가 아프면 뇌 CT나 MRI검사를 하고, 소화가 안 되면 손가락을 따서 피를 낸다. 아마 누구나 한번쯤은 들어 본 말일 것이다. 속이 쓰릴 때 위내시경 검사를 하면 어떤 결과가 예상되는가? 설사가 잦을 때 대장내시경 검사를 하면 어떤 결과가 예상되는가? 머리가 아플 때 뇌 CT나 MRI검사를 하면 어떤 결과가 예상될까? 과연 그런 결과들은 지금 현재 가지고 있는 속쓰림, 설사 혹은 두통을 치료하는데 얼마나 도움이 될까? 이런 방법이 아니고는 진단할 수 있는 다른 방법은 없을까?

우리나라의 의료 환경은 다른 나라에 비해 비교적 괜찮다.

의료비가 저렴하기 때문에 병원 문턱이 낮은 편이다. 우리나라의 의료보험 제도 덕분에 비교적 저렴한 비용으로 진단과 치료가 가능하다. 환자들의 입장에서는 조금만 아파도 병원에서 치료받을 수 있는 장점이 있고, 암과 같이 치료비가 많이 필요한 질환이 있어도 보험의 혜택 덕분에 치료를 포기하는 경우가 드물다. 의사들도 많은 환자들을 치료하면서 치료 경험이 많아지고 그 결과 우리나라의 의료 수준은 세계 최고라고 해도 과언이 아니다.

이렇게 좋은 의료 혜택을 받고 있는 우리나라 국민들은 10명 중 7명이 건강하지 않다고 생각할 만큼 건강에 자신이 없다.

평균 노동시간이 길어서 쉴 기회가 적고 도시, 특히 서울과 수도권에 인구가 집중되어 있어서 경쟁과 스트레스가 심하고, 출퇴근 시간이 오래 걸리는 등 생활 여건이 건강에 좋지 않다.

또 너그러운 음주 문화와 여전히 흡연하는 사람의 비율이 높은 것 등 우리의 건강을 해치는 요인이 많다.

이렇게 건강을 해치는 요인이 많아서 그런지 우리나라 사람들의 건강에 대한 관심은 많다 못해서 지나치다. 전통적으로 무더운 여름을 나기 위한 삼계탕과 보신탕 등 음식부터 한약재를 이용한 차, 최근에는 퀴노아, 아로니아, 렌틸콩 등등 이름도 생소한 외국 식재료까지 한번 방송에서 소개되면 그 물건이 동이 날 정도로 선풍적인 인기를 끈다. 이 뿐만 아니라 비만이 건강에 좋지 않다고 알려지고, 비만하면 아름답지 않다고 인식하면서, 전 국민의 살빼기 열풍이 불어서 노출이 많은 여름에는 체중을 빼기 위한 갖가지 다이어트 방법에 다이어트 식품까지 유행을 탄다.

이런 다이어트 열풍은 체중감량과 다이어트 치료를 전문으로 하는 병원과 한의원이 생길 정도이다.

과연 이런 다이어트나 체중 감량은 건강에 도움이 될까?

음식을 먹는 것을 보여주는 먹방, 음식을 만드는 것을 보여주는 쿡방 그리고 건강정보를 다루는 건강방송에 대한 시청률이 상승하면서 방송사마다 이러한 프로그램을 만드는 데 열심이다. 그런데 방송 중에 등장하는 건강기능식품들은 과연 건강에 도움이 되는 것일까? 건강기능 식품은 약이 아니라 식품이니까 누구나 먹어도 안전할까? 건강정보를 다루는 방송을 보면 정보를 주는 것인지, 간접 광고를 하는 것인지 혼동이 되는 방송이 많다. 과연 그 내용은 다 믿어도 될까? 홈쇼핑은 확실히 상업적으로 물건을 파는 방송인데, 그곳에서도 대중적으로 잘 알려진 의사나 한의사가 건강기능 식품을 권한다. 과연 나에게도 도움이 될까? 의문은 꼬리에 꼬리를 문다.

건강검진은 어떤가? 우리나라는 건강보험공단에서 1~2년에 한 번씩 정기적으로 거의 전 국민에게 건강검진을 해서 건강을 관리하도록 한다. 이런 검진 시스템을 가지고 있는 나라는 흔하지 않다. 그런데도 불구하고 더 많은 비용으로 종합 검진을 하는 프로그램이 국립 대학병원부터 개인의원까지 다양하게 구축되어 있다. 과연 이런 종합검진 프로그램은 건강보험공단에서 제공하는 검사보다 얻을 수 있는 정보가 더 많을까? 이런 정보들은 지불하는 가격만큼 가치가 있을까? 종합 검진에 흔히 포함되는 위내시경, 대장내시경, CT, MRI 혹은 PET, CT 등은 숨은 질병을 발견할 확률이 얼마나 될까? 그런 검사들은 모두 안전할까?

성형수술은 또 어떤가? 비만이 건강에 좋지 않을 뿐만 아니라 뚱뚱하면 아름답지 않다는 인식은 지방 흡입술, 지방 분해술 등 여러 가지 시술을 유행시켰다. 날씬한 사람이 예쁘다고 무분별한 살빼기가 유행하고, 얼굴 윤곽을 V라인으로 만들기 위해서 악안면 성형수술까지 유행하고 있다. 과연 이런 시술이나 수술은 건강에는 어떨까?

어떤 부작용이나 후유증이 남을까?

의학계를 알고 있는 의사의 입장에서 이런 유행들이 의사들이 참여한 일종의 유행이라는 점에서 우려스럽다. 의사의 윤리를 잘 표현한 히포크라테스의 선서는 기원 전 5세기경에 쓴 글이지만 21세기의 의사들이 본받아야 할 지침이다. 이 히포크라테스 선서는 1948년 세계의학회에서 현대에 맞도록 수정하여 제네바 선언으로 채택된 후에 1968년에 제 22차 세계의학회에서 최종으로 수정하여 현재까지 사용하고 있다. 히포크라테스 선서의 가장 중요한 내용은 다음의 세 가지이다.

① 나는 내 능력과 판단에 따라 환자에게 도움이 된다고 생각한 처방만을 하고, 환자에게 해를 끼칠 수 있는 처방은 절대로 하지 않는다.
② 나는 남녀, 노소, 신분에 상관없이 누구나 존중하며 그들의 신체에 해를 끼치지 않을 것이다.
③ 나는 진료 중에 얻은 비밀을 꼭 지킬 것이다.

이 세 가지를 생각하면서 질병을 치료하는 의사도 좋은 의사지만 질병과 함께 사람인 환자를 돌보는 의사가 더 훌륭한 의사이다. 이와 더불어 질병이 발생하기 전에 미리 예방하는 의사가 가장 효율적인 의사라고 하겠다.

30여 년 스승님과 선배님들로부터 배운 지식과 환자들에게서 얻은 경험으로 건전한 건강상식을 나누고자 하는 마음에 이 책을 준비했다. 우리나라 사람들이 넘쳐나는 건강 정보 속에서 자신에게 꼭 맞는 건강법을 찾는 길잡이가 되었으면 한다.

검진은 문제가 있는지 없는지 확인하는 방법일 뿐이다. 건강 문제는 검진으로 발견하기 수년 전부터의 생활태도, 식생활, 마음가짐, 그리고 부모님께 물려받은 유전적인 성향에 따라서 서서히 진행된 것이다. 검진으로 이상을 발견하기 위해 애쓰기보다 건강을 지키기 위해 노력해야 한다. 건강은 건강할 때 지켜야 한다.

건강의 해답은 검진도 건강기능식품도 아니다. 본인의 생활에 맞는 건강한 생활태도가 먼저이다. 스스로 돌보지 않는 건강은 건강기능 식품이나 건강에 도움이 된다는 갖가지 식품들이 도와주지 못한다. 검진은 건강이상을 발견하기 위한 수단이다. 검진에 목숨 걸지 말고 지금부터 건강을 관리하라.

2015년 가을

박민선

차례

PART 2 건강검진에 목숨걸지 마라

PART 3 의사가 필요 없는 건강관리

PART 4 암 검진, 맹신은 금물!

부록 '현대의 역병' 바이러스 질환, 면역력 강화가 답이다

PART 1

대한민국은
건강검진
공화국

1

건강 염려증에 걸린 사람들

"대장 내시경을 해야 할까요?"

2~3일 전부터 발생한 명치 통증, 설사와 복통 때문에 내원한 20대 젊은 환자에게 "요새 유행하는 바이러스성 위염과 장염이 의심된다."고 진단하자 나온 물음이다. 위염이나 장염 진단을 내릴 때마다 흔히 듣는 질문이기도 하다.

여름이 지나고 가을로 접어들 무렵에는 유난히 복통과 설사로 병원을 찾는 환자들이 많아진다. 기온이 낮을 때 주로 발생하는 노로 바이러스가 기승을 부리기 때문이다. 노로 바이러스에 의한 장염은 자극적인 식사를 피하고 장염을 다스리는 약을 복용하면 대부분은 1주일 이내에 완치된다. 따라서 대장내시경은 필요하지 않다. 오히려 급성 장염으로 염증이 있는 상태에 설사를 유발하는 약을 복용하면 설사가 더 심해지면서 증상이 더 악화될 위험이 있기 때문에 급성일 때는 증상이 나아질 때까지 일정 기간 검사를 미루는 것이 좋다. 물론 식사도 조심하고 약도 충실하게 복용했는데도 차도가 없거나, 증상이 악화된다면 대장내시경을 고려할 수도 있지만, 평소에 장에 문제가 없고 건강했다면 치료가 되지 않을 가능성은 거의 없다.

이렇게 조금만 아파도 위나 장 내시경 검사나 CT 혹은 MRI와 같은 특수 검사가 필요하다고 생각하는 사람이 많다. 의사가 검사를 시행할 때는 우선 예상하는 질병이 있고, 그 질병을 확인해서 더 효과적으로 치료하기 위해서다. 내시경이나 CT, MRI와 같은 특별한 검사들은 비용이 들 뿐만 아니라 검사에 따른 위험도 있기 때문에 득과 실을 고려해서 신중하게 시행하는 것이 옳다.

'나는 건강하지 않다'는 집단최면에 빠진 사람들

우리나라 사람들이 정말 건강에 대한 염려가 많을까? 국제 경제협력기구(OECD)에서는 각 나라 국민들의 삶에 관련된 다양한 조사를 하는데, 그 중에는 국민들 자신이 생각하는 건강 상태를 "건강하다", "보통이다", "건강하지 않다" 등으로 대답하는 건강 조사가 있다. 이 조사에서 우리나라 성인 중 남성은 31.8%, 여성은 28.2%만이 건강하다고 대답했다. 다시 말하면 10명 중 7명은 건강하지 않다고 생각하는 것이다.

그럼 다른 나라 사람들은 어떨까? OECD 평균 남자는 71.6%, 여자는 66%가 건강하다고 대답해서 우리나라보다 '건강한 사람'

이 2배 이상 많은 것으로 나타났다. 내가 2014년 출판한 〈스웨덴 사람들은 왜 피곤하지 않을까〉에서 피곤을 모른다고 소개한 스웨덴 사람들은 남녀 모두 OECD 평균보다도 많은 약 80%가 건강하다고 대답했다. 우리나라 사람들이 걱정하는 만큼 건강이 나쁘다면 단명하는 사람들이 많겠지만, 우리나라 사람들의 평균수명은 건강하다고 생각하는 사람들의 비율이 80%에 달하는 스웨덴과 비슷하다. 그러나 건강을 유지하는 수명이 얼마나 되는지를 나타내는 지표인 건강수명은 한국과 스웨덴의 차이가 꽤 크다. 한국인의 평균수명은 남녀 평균 80.7세로 세계 24위 장수 국가이고 건강수명은 66세로 세계 30위이다. 스웨덴의 평균 수명은 81.7세로 세계 11위 장수 국가이고 건강수명은 70세인데 세계 9위로 우리나라보다 우수하다.

성인의 2/3 이상이 건강하지 못하다고 대답한 우리나라 사람들은 건강에 대한 염려도 크다. 이런 건강에 대한 염려는 건강검진과 건강보조식품 붐으로 이어진다. 사실 우리나라는 웬만한 선진국보다 건강검진시스템이 잘 되어 있다. 건강보험공단에서 전 국민을 대상으로 건강 검진을 시행하고 있다. 영유아 검진, 18세 이상 세대주 혹은 40세 이상 65세 이하인 성인은 건강보험에서 2년에 1회, 직장인은 직장 건강 보험에서 1~2년에 1회, 65세 이상 노년층은 노인 요양법에 의해서 2년에 1회 건강 검진을 시행하고 있다. 기본 검진은 혈액검사와 소변 검사를 통해 고혈압, 당뇨병,

고지혈증과 같이 성인병을 진단하고, 40세에 시행하는 생애 전환기 검사에서는 위암, 대장암, 간암, 자궁암과 유방암까지 확인할 수 있는 검사가 포함되어 있다. 그런데 많은 이들이 이러한 검사로 만족하지 못하고 CT나 MRI 등을 이용하는 특수 검사까지 포함하는 정밀 검진을 자비로 받는다. 직원 복지 제도의 일환으로 이런 정밀 검진을 지원하는 직장들도 있다.

또한 홍삼 제품을 비롯한 비타민제, 각 종 항산화제, 갱년기 증상 보조제, 다이어트 식품 등 우리나라의 건강 기능식품업의 규모는 연 1조에 가깝게 형성되어 있다고 할 만큼 거대하다. 여기에 매실을 비롯한 각종 열매나 약초를 설탕에 절인 발효액과 최근에 각광을 받고 있는 양파즙 등 이루 다 헤아릴 수 없을 정도로 많은 건강에 좋다는 식품들까지 포함하면 그 범위는 더욱 넓어진다.

이렇게 다양한 건강검진과 건강기능식품들 그리고 방송에 넘쳐나는 건강상식들은 정말 건강에 도움이 될까?

건강기능식품이 당뇨합병증을 막을까?

박지원 씨(가명)는 30대 여성인데 5년 전에 당뇨병으로 진단받고 당뇨병 약을 처방 받아서 복용하고 있었다. 피로하고 혈당이 잘 조절되지 않아서 내 진료실에 찾아왔다. 키는 173cm이고 체중은 80kg인 그녀는 고등학교 때부터 체중이 불기 시작해서 고등학교 졸업 무렵부터 3년 전까지 100kg에 육박하게 체중이 늘었고, 당뇨병으로 진단받은 후에 약 20kg 정도 체중을 줄였다. 그 동안 다니던 병원에서 처방한 당뇨병 치료제가 있었지만, 식사가 불규칙하고 체중을 줄이기 위해서 굶는 날이 많아서 당뇨병 치료제 복용도 불규칙하게 하고 있었다. 또 다양한 건강 기능 식품을 복용했는데, 종합 비타민, 식욕 억제제, 체지방 분해제, 혈액순환 개선제, 여성호르몬 보충제 등이었다. 지원 씨는 당뇨병이 있으면 합병증이 무섭다고 해서 예방 차원에서 이렇게 많은 건강 보조식품을 먹기 시작했다고 했다.

당뇨병 치료의 기본인 식이요법과 운동에 대해서 물어 봤더니, 알고는 있지만 실천을 못하고 있다고 했다. 식이요법이나 운동을 실천하지 못하니까, 걱정이 되어서 건강기능식품이라도 복용하면서 건강을 유지하려고 했다. 지원 씨는 과체중이 확실했지만 근육량이 많고 상대적으로 체지방은 많지 않았다. 따라서 단백질과 채소 위주로 규칙적으로 식사하면서 근육을 유지하는 것이 무작정 체중을 빼는 것보다 나으며, 당뇨 합병증을 예방하는 데 가장 좋은 방법이다. 나는 그녀에게 채소의 섭취를 늘리고 걷기 운동을 꾸준히 하라고 강조하면서 덧붙였다.

"건강기능식품은 결코 당뇨합병증을 막아주지 못합니다."

음식과 건강기능식품, 서로 역할이 다르다

"심장병에 고기는 금하라는데, 고기 먹어도 됩니까?"

양진만 씨(가명)는 두 눈이 둥그레지면서 나에게 물었다.

그는 과거 협심증 때문에 심장의 관상동맥 2군데에 스텐트 시술을 받았다. 50대인 진만 씨는 키 167cm에 체중 70kg으로 약간 과체중이었는데, 협심증으로 진단받고 스텐트 시술까지 받은 후에는 건강에 대해서 심각하게 고민하기 시작했다. 이때부터 TV나 라디오 방송 그리고 인터넷에서 협심증에 관한 내용을 찾아서 공부하면서 식이요법과 운동을 시작했다. 식사를 곁들인 모임에는 참석을 자제하고, 채식을 위주로 식사했다. 매끼 현미 밥 2/3 공기, 견과류 10알, 나물 약간으로 식사해서 하루에 섭취하는 총 열량이 1,000칼로리 정도이고, 하루에 1시간 반에서 2시간 정도 등산을 했다. 이렇게 노력하면서 체중이 감소하기 시작했고, 나에게 왔을 때는 체중이 53kg으로 저체중이었고, 근육과 체지방이 모두 부족했다. 그리고 심장과 혈액 순환에 좋다고 선전하는 오메가 3 지방산, 양파즙, 항산화 비타민, 골다공증을 예방하기 위해서 칼슘 보충제 그리고 전립선을 보호한다는 소팔메토 등을 복용하고 있어서 조금 과장하면 식사로 섭취하는 음식의 양보다 복용하는 건강 보조 식품이 더 많을 정도다.

단백질과 지방은 우리의 세포를 구성하는 중요한 요소이다.

근육과 체지방이 부족하고 영양 부족이 발생하면 세포가 재생되지 못하고, 혈관도 약해져서 혈액순환은 더욱 악화된다. 따라서 나는 진만 씨에게 전신건강과 심장의 관상동맥 건강을 위해서 식사의 양을 늘리고 총 열량과 단백질 그리고 지방을 충분히 섭취해서 체중이 정상 혹은 약간 과체중으로 유지할 수 있도록 권유하였다.

두 사람의 사례에서 볼 수 있듯이 우리나라 국민들의 건강보조식품 의존도는 무척 심하며 체중증가에 대한 거부감이 크다. 물론 건강보조식품이 필요한 사람이 있을 수 있다. 그러나 분명 식이요법과 운동만큼 건강에 도움을 주는 방법은 없다. 식이요법이나 운동과 같이 효과가 증명된 방법은 실천하지 않고 건강보조식품으로 해결하려고 하는 건 잘못된 생각이다. 또한 비만이 건강에 나쁜 것은 사실이지만, 여기서 비만은 그냥 체중만을 뜻하는 것은 아니다. 같은 체중이라도 근육량이 많은 것과 지방량이 많은 것은 차이가 있다. 우리가 경계해야 하는 비만은 체내에 지방량이 과도하게 많은 것이다. 무조건 체중의 크고 작음으로 비만을 판단하면 오류가 생긴다. 근육량, 지방량 그리고 체수분의 양이 모두 균형을 유지해야 건강도 유지된다. 단순히 '살빼기' 혹은 '체중 줄이기'라는 개념으로 접근해 식사량을 무조건 줄이는 것은 위험하다.

건강에 대한 두려움, 살은 무조건 빼는 게 좋다는 식의 잘못된 상식이 우리를 불필요한 건강검진과 건강보조식품 바다로 내몰고 있다. 결국 그 피해는 우리 자신에게 돌아간다.

2

지금 당장 텔레비전 건강 프로그램을 꺼라

"확실하지 않는 의학 상식은 믿고, 의사의 말은 의심하시니 어떻게 증상이 나아지겠어요?"

내 말에 오부란 씨(가명)는 한숨을 푹 쉬었다. 50대 여성인 부란 씨는 학습지 선생님으로 20여 년간 일하고 있었다. 5~6년 전부터 가슴이 답답하고 심장이 빠르게 뛰는 듯한 증상이 생겨서 여러 대학병원과 개인의원 그리고 한의원까지 다니면서 검사한 결과, 심혈관에는 문제가 없고 공황장애로 진단을 받고 치료제도 처방을 받았다. 약을 복용하면 증상이 나아졌지만 정신과 약을 오래 복용하면 치매가 발생할 확률이 많다는 방송을 본 후부터는 약을 끊은 상태이다. 2년 전에는 건강 검진에서 약간의 죽상경화증(동맥의 내막이 손상되어 혈관벽이 좁아진 것. 뇌졸중, 심근경색 등의 원인임)이 의심되지만 혈압을 잘 조절하면 괜찮다는 진단을 받았다. 그 후 심혈관질환이 걱정되어 병원 두 곳에서 심장CT도 촬영했고, 약간의 동맥경화증이 의심되지만 50대에서 정상적으로 보일 수 있는 변화라고 진단받았다.

이렇게 여러 병원에서 여러 가지 진단 검사를 받은 후 큰 문제는 없다고 판단을 받았는데도 부란 씨의 걱정은 계속되었다.

나는 검사 결과를 확인해주고 안심시키려 애썼지만 그녀는 계속 같은 말을 반복하며 의심을 거두지 못했다.

"가슴이 답답하고 심장이 뛰는 증상은 반드시 심장에 문제가 있는 것인데 왜 아니라고 하세요?"

부란 씨는 전형적인 건강 염려증이 있는 환자이다. 본인이 생각하는 답이 나올 때까지 병원과 의사를 찾아다니는 건 '병원 쇼핑'과 다를 바 없다. 전문의의 진찰과 첨단 검사 결과보다 TV나 방송에서 나오는 의학 상식 중에서 본인이 듣고 싶은 내용만 취해서 판단하고 불안해하는 것이다.

부란 씨는 병원에서 처방해 준 약을 복용하지 않는 대신 상당한 양의 건강기능식품을 복용하고 있었다. 칼슘과 마그네슘이 들어 있는 미네랄, 오메가 3, 종합 비타민, 갱년기 여성의 혈액 순환에 좋다는 제품, 양파즙, 효소 등 다양했다. 그녀는 모두 건강에 좋다고 방송에 출연한 의사가 말한 것이라며 무한신뢰를 나타냈다. 과연 건강기능식품이 그녀의 건강을 지켜줄 수 있을까?

방송 의학정보,
진실과 과장의 경계선

방송에 의학 상식이 넘쳐나고 있다. 내가 보았던 방송 내용 중에는, 매회 시청자의 흥미를 끌 만한 주제를 찾아내야 하기 때문에, 의학계에서는 이미 잘 알려진 사실을 다소 과장하거나 확대 해석하는 경우가 있었다.

나도 2012년 가을에 우연히 종합편성채널의 토크쇼에 발을 들여 놓은 것을 시작으로 몇몇 TV 프로그램에 출연한 일이 있다. 한 시간 방영할 프로그램을 길게는 네 시간 짧게는 두 시간 정도 촬영했다. 출연자들이 길게 말한 정보를 방송 시간에 맞춰 줄이고 압축하다 보면 '어쩔 수 없이' 출연자의 의도와 뉘앙스가 달라진다고 느낄 때가 있었다.

내가 말한 내용이 실제로 어떻게 방송으로 나올지 불안했다. 더구나 다른 출연자가 사실과 부합하지 않는 말을 하더라도 매번 반론하기가 쉽지 않았다. 한정된 시간 동안 촬영하면서 모든 출연자가 골고루 화면에 얼굴을 비춰야 하므로 나만 말하면 다른 이의 기회를 뺏는 격이 되었기 때문이다. 설사 반론했더라도 편집 과정에서 나의 반론이 잘려 나간 채 잘못된 정보가 그대로 방송되어 속상한 일도 여러 번 있었다. 또한 방송은 대중의 관심을 끌만한 상식선에서 제작되기 때문에 오히려 조금 어렵고 확실한 의학적인 의견은 기피하는 듯한 인상을 받았다. 그래서 지금은 TV에 출연하는 것을 자제하고 있다.

의학은 환자와 의사가 서로 얼굴을 마주하면서 진찰하고, 진찰에서 얻은 정보를 더욱 확실하게 확인하기 위해서 검사를 하고, 이렇게 모은 정보를 이용해서 진단하고 처방하는 과정이다.

TV나 방송에서 일반적인 상식을 이야기할 수 있지만, 이런 상식이 진짜 질병을 앓고 있는 사람들에게 해결책이 될 수는 없다. 더구나 방송에는 의사나 한의사와 같은 전문가만 나와서 이야기하는 것이 아니고, 연예인이나 일반인이 질병을 고쳤다며 본인만의 비법을 검증되지 않은 상태에서 쏟아 놓는 경우도 많다.

지상파 방송의 건강 프로그램에서 식이요법으로 고혈압을 완치했다는 환자들의 사례를 들고 와서 나에게 어떤 방법이 더 좋은지를 답해달라는 의뢰가 온 적이 있다. 두 사람 모두 60대 초반의 여성으로 고혈압 진단을 받았다. 한 사람은 일반 소금 대신 죽염을 사용해 요리를 해서 먹었고 매일 108배를 했다. 다른 한 사람은 요리에 설탕 대신 매실청을 사용했고 매일 1시간 이상 산책을 했다. 그리고 두 사람 모두 식사량을 줄이고 텃밭에서 키우는 채소 위주로 식사를 했다.

질문의 핵심은 "죽염이 좋은가, 아니면 매실청이 좋은가?"였다. 첫 번째 사람부터 보자. 소금은 주성분이 나트륨이다. 나트륨을 많이 섭취하면 혈압이 오르므로 고혈압 치료에는 좋지 않다.

일반 소금은 약 97%가 나트륨이지만, 대나무에 소금을 넣고 9번 구운 죽염은 칼륨을 비롯한 미네랄이 많고 나트륨의 양은 약 85% 정도로 감소한다. 따라서 같은 양이더라도 나트륨의 섭취량이 약 10% 이상 적은 죽염이 고혈압을 조절하기에는 더 나은 것이다. 또한 두 번째 사람이 사용한 매실청은 당분이 많아서 체중이 증가하거나 혈당이 올라갈 위험은 있지만, 고혈압 조절에 그다지 도움이 되지 않는다. 만약 매실청을 사용하면서 소금량을 줄였다면 고혈압에 도움이 되었을 것이다.

결론적으로 죽염과 매실청을 비교하는 건 의미가 없다(죽염이 소금보다 낫지만 나트륨 함량이 아주 크게 떨어지는 건 아니었고, 매실청은 고혈압에 직접적인 영향을 주지 않으므로). 위의 두 사람이 고혈압을 위해 적절히 대응한 것은, 식사량을 줄이고 채소를 충분히 섭취하며 규칙적인 운동을 했다는 점이다. 생활태도를 건강하게 바꾼 덕분에 비만체중이 정상체중에 가깝게 감량된 것이다. 나는 이러한 점을 방송 프로그램 담당자에게 상세하게 설명하고 핵심을 잘 짚어줄 것을 당부했다.

이렇듯 방송은 의학적 진실과 다른 관점으로 이야기를 풀어나갈 때가 많다. 때문에 방송내용을 맹신하는 것은 대단히 위험하다. 일반적으로 알려진 '건강상식' 중 몇 가지의 문제점을 짚어보도록 하겠다.

죽염과 채소는 만병통치식품?

"심장병 환자에게 좋다는 소금이라고 해서 미국에서 구입했는데 먹어도 될까요?"

만성 신부전증 환자인 장만수 씨(가명)가 내게 작은 병 하나를 보여 주었다. 50대 남성인 만수 씨는 30대에 전신이 붓고 소변 양이 줄어드는 사구체신염으로 고생하다가 완치되었지만 5년 전에 재발해서 신장 기능이 정상의 30% 미만에 불과했다. 단백뇨와 전신 부종, 심장 부종 그리고 고혈압이 있어서 소금 섭취를 하루에 2그램 미만으로 제한하고 있었다.

음식에 소금을 쓰지 않으면 전혀 맛이 나질 않는다. 만수 씨는 몇 년째 소금이 거의 들어 있지 않은 음식을 먹느라 거의 식욕을 잃은 상태였는데, 아들이 미국에 갔다가 고혈압, 심장병 환자가 사용한다는 소금 이야기를 듣고 구입해 가져온 것이다.

아들의 노력은 가상했지만 나의 대답은 야속하게도 "절대 불가능합니다."이었다. 이 소금의 정체는 염화칼륨이었다. 염화칼륨은 음식에 넣고 시간이 지나면 칼륨이 녹아 나와서 쓴 맛을 띠게 된다. 신장 기능이 정상의 30%에 불과한 만수 씨가 염화칼륨을 섭취하면 치명적일 수 있다. 칼륨이 신장을 통해서 배출되어야 하는데, 신장이 정상적으로 작동하지 못하면 칼륨을 배출하지 못하고 결국 혈액 안 칼륨 농도가 올라가게 된다. 칼륨 농도가 높아지면 심장의 박동 수가 1분에 30번 미만인 치명적인 부정맥이 발생할 수 있다. 따라서 신장병 환자에게는 소금과 칼륨을 모두 최소한도로 섭취하도록 권장한다.

칼륨은 일반 소금보다는 죽염에 많고, 녹황색 채소, 과일, 마른 미역이나 김, 새우와 같은 건어물, 콩가루, 우리나라 사람들이 특히 많이 먹는 고춧가루에도 많이 포함되어 있다. 일반적으로 건강식품이라고 생각되는 것에 칼륨이 많은데, 신장기능에 이상이 있는 사람은 섭취를 하지 않는 게 좋다. 고혈압이나 당뇨병 혹은 고지혈증 등 성인병으로 진단받으면 소금과 지방 섭취를 제한하고 신선한 채소의 섭취를 늘이는 것이 일반적이다. 그러나 신장 기능이 약해진 환자는 이런 일반적인 건강식이 오히려 독이 될 수 있다. 이런 이유로 신장병 환자를 주로 치료하는 신장내과 전문의인 나는 죽염이 고혈압에 좋다는 애기조차도 사실 조심스럽다.

산야초 발효효소와 매실청,
당뇨병과 고혈압 환자는 금물

"설탕은 절대로 먹지 않아요. 좋아하던 빵도 끊었어요."

50대 여성인 정효선 씨(가명)가 억울한 얼굴로 반박했다. 평소에 당뇨병과 고혈압 때문에 지속적으로 치료받고 있는 효선 씨는 진료 당일 공복 혈당이 357mg/dL이고, 1개월 전에 검사한 당화혈색소(장기간 혈중 포도당 농도를 알기 위해 사용하는 혈색소 중 하나)는 9.3%로 매우 높았다. 그동안 비교적 혈당이 잘 조절되었는데 최근 무슨 변화가 있었는지 궁금해서 식사에 대해서 자세히 물었지만 큰 문제점을 발견할 수 없었다. 혈당이 올라간 이유를 찾지 못하고 고민하는 나에게 효선 씨가 조심스럽게 물었다.

"원장님, 요새 산야초 발효 효소가 몸에 좋다고 해서 자주 마셨는데, 설마 그것 때문은 아니겠죠?"

효선 씨는 방송에서 산야초가 좋다는 말을 듣고 산야초 효소를 구해서 수시로 물에 타서 마시고 있었다. 맛은 달착지근하지만 효소니까 혈당을 올리지 않을 것이라고 믿었다고 했다. 내가 한숨을 내쉬자 이상하다는 듯이 나를 쳐다봤다.

이런 일도 있었다. 당뇨병과 고혈압 때문에 오랫동안 치료받고 있는 나성숙 씨(가명)는 60대 중반의 여성이다. 평소 식사 관리와 운동을 철저히 하고 혈당, 혈압이 모두 정상으로 유지되어 오던 모범 환자였다. 그런데 갑자기 혈당이 237mg/dL로 높게 나타났다. 성숙 씨는 "오늘 병원에 오는 날이라 식사도 안 하고 토마토주스만 마셨다."며 울상이 되었다.

"혹시 토마토주스에 설탕을 넣었나요?"

"아뇨! 전 설탕 절대 안 먹어요."

성숙 씨는 펄쩍 뛰었다. 그러면서 혼잣말처럼 "매실청이 혈당을 올린 건 아니겠지."라고 말했다. 알고 보니 매실청이 좋다고 소개한 방송을 보고 먹기 시작했던 것이다.

산야초 발효효소는 방송에 곧잘 등장하는 '단골손님'이다. 이것은 산과 들에서 채취한 자연산 식용풀을 같은 양의 설탕과 버무려서 그늘에 3개월 이상 보관해서 삭힌 후 건더기를 걸러내고 얻는 액체이다. 발효에 의해 만들어진 천연효소가 소화장애뿐만 아니라 각종 질병에 효과를 발휘한다고 알려져 있다.

또한 매실청은 봄에 채취한 매실을 같은 양의 설탕과 버무려서 그늘에서 100일 동안 삭힌 후 매실을 버리고 얻는 액체이다. 매실청 역시 발효과정에 효소가 발생하고 매실에 포함된 구연산 등 유효성분이 잘 녹아나서 소화불량, 피로회복에 효과가 좋다고 알려져 있다. 최근 자연식에 대한 관심이 많아지면서 TV 프로그램에 자주 소개되고 있다.

나는 산야초 효소나 매실청의 효과에 대해 잘 아는 바 없고, 그 효능이 무엇이든 깎아내릴 의도는 없다. 그러나 산야초 효소나 매실청을 만들 때 들어간 설탕은 발효되더라도 단맛이 남아 있다면 혈당을 올리는 설탕과 다르지 않다. 따라서 산야초 효소나 매실청을 먹으면 설탕물을 마신 것과 같이 혈당을 급격하게 올린다. 발효되었으니 설탕이 아니라고 우기는 사람이 있겠지만, 단맛이 남아 있는 한 그것이 설탕이든 구연산이든 혈당을 올리는 효과는 같다(만일 설탕이 단 맛이 남아있지 않을 정도로 완전히 발효되면 식초로 변한다).

아무리 건강에 좋은 음식이라고 해도 나에게 맞는 음식인지 꼭 확인할 필요가 있다. 특히 질환이 있는 경우에는 더 그렇다. 우리 몸은 약 60조개의 세포가 조화를 이루어서 존재한다. 여러 가지 악기들이 협력해서 오케스트라가 음악을 연주하듯이, 우리가 먹는 음식에 포함된 갖가지 영양소도 역시 서로 협력할 때 효과가 좋다. 건강에 좋다고 알려진 특정 식품을 집중적으로 많이 섭취한다고 건강이 개선되지는 않는다. 하루 세 끼 골고루 먹고 적당하게 운동하고 만족하면서 사는 것만큼 건강에 좋은 것은 없다. 과유불급은 건강에서도 맞는 말이다.

지나치게 많이 쏟아져 나오는 건강 정보도, 검증되지 않은 정보를 맹신하는 것도 모두 과유불급에 해당된다.

3

'유행'에 목숨을 맡기는 사람들

과거에 비해 텔레비전 채널이 많이 늘었다. 이렇게 늘어난 TV 프로그램 중에는 건강에 관련된 내용이 아주 많다. 채널을 돌릴 때마다 의사들이 나와서 토크쇼 형식으로 의학정보를 말하거나, 일반인들이 체중을 줄였거나 고혈압·당뇨병·암 등을 완치했다는 등 다양한 내용이 방송되고 있다. 홈쇼핑 채널까지 가세해서 의사나 한의사가 출연하여 건강기능제품을 광고하기도 한다.

그 중에는 정말 건강에 도움이 되는 내용도 많지만 일부는 '저 내용이 진짜 맞나?' 하는 의문을 갖게 하는 것들도 있다. 이런 류의 방송은 새로운 유행을 만들어 낸다. 앞서 언급한 것처럼 우리 병원에 오는 환자들에게서도 이런 유행을 확인할 수 있다.

과연 이 유행을 따라 해도 되는 것일까? 2014년에 유행한 건강법 몇 가지를 확인해 보고자 한다.

굶어야 산다? _ 다이어트

"체성분 검사에서 체중이 정상보다 적어요. 그래서 비만 치료제는 처방을 할 수 없어요."

내 진료실을 찾아 온 20대 젊은 여성에게 한 말이다. 이자경 씨(가명)는 연예인 지망생인데, 식탐이 있어서 식욕 억제제를 처방받으려고 내원했다. 얼굴이 통통하고 팔다리가 길고 마른 몸매의 자경 씨는 화면에 잘 나오려면 체중을 더 빼야 한다고 했다. 키는 165cm이고 체중은 51kg으로 체질량 지수가 18.7로 정상에서도 약간 저체중에 속했다. 그런데도 식욕 억제제를 원하는 상황이었다.

식욕 억제제는 체중을 감량하기 위한 목적으로 고혈압이나 고지혈증 환자 중 체질량지수가 27kg/m² 이상이거나, 이런 문제가 없더라도 체질량 지수가 30kg/m² 이상인 비만인 사람에서 처방되는 약제다. 자경 씨처럼 저체중인 사람에게 식욕억제제를 처방할 수 없다. 자경 씨의 처지를 이해할 만하다는 것과는 별개의 문제다. 또 다른 경우를 보자.

"더 먹어도 됩니까?"

의아한 얼굴로 나를 쳐다보는 한승만 씨(가명)는 70대 남성이다. 교직에서 퇴직한 후에 현재까지 활발한 사회활동을 하고 있었다. 약 20년 전에 당뇨를 처음 발견한 후 철저한 식이요법과 약물 치료로 혈당을 잘 조절하고 있었는데, 1년 전 관상동맥 질환이 발생한 후 건강에 자신감을 잃어버렸다. 게다가 관상동맥 조영술을 받는 과정에서 조영제 부작용으로 쇼크까지 경험하였다. 이후 승만 씨는 엄격한 식이요법을 실천하였다. 육류를 절대로 금하고 전체 칼로리는 1500칼로리 정도로 맞추어 잡곡밥 반공기와 나물로 식사하였다. 혈당이 올라가는 것이 두려워 과일도 거의 섭취하지 않았다. 당뇨병이나 관상동맥질환에 대해서도 전문가 못지않게 공부하였다.

승만 씨가 우리 병원에 방문했을 무렵, 그는 2~3개월 전부터 기억력 감소, 집중력 저하, 손발 저림, 수면장애 등 증상에 시달리고 있었다. 검사 결과 그는 저체중이었고, 심한 동맥경화증이 있고 혈관나이는 80대가 훨씬 넘었다. 총 콜레스테롤, LDL 콜레스테롤, HDL 콜레스테롤이 모두 매우 낮았고, 빈혈이 있었으며, 혈청 알부민도 낮은 편이었다. 심한 식이요법에 의해 영양실조가 우려되는 상황이었다.

나는 승만 씨에게 식사량을 늘리고 고기와 과일을 섭취하고 근육강화를 위해 운동량을 늘릴 것을 권유해 체중을 서서히 정상으로 돌리는 데 주력했다. 아울러 혈액정화치료와 성장호르몬 치료도 병행했다. 그는 "눈이 밝아지고, 손발저림이 나아졌다."면서 다양한 음식을 섭취할 수 있는 것에 대하여 매우 만족하였다.

일반적으로 당뇨병이나 고지혈증은 채식 위주로 식사량을 줄이는 식이요법을 하면 호전된다. 또 정상인들도 식사량을 줄이면 장수한다는 것이 정설이다. 그러나 여기서 질병을 고치고 장수하기 위한 식이요법은 영양상태를 정상으로 유지하는 범위에서 권장하는 것이다. 저체중이나 영양실조는 다양한 건강이상을 야기한다. 면역기능이 감소해 세균이나 바이러스 등 감염 질환에 걸릴 위험이 높고 치료도 잘 되지 않는다. 전신의 골격근뿐만 아니라 동맥의 벽을 이루는 평활근도 약해지는데, 이는 동맥경화증을 악화시키는 원인이 된다. 게다가 뇌세포에 영양 공급이 감소하여 정신 집중, 기억력 등이 감소한다.

비만은 심혈관질환, 관절질환, 당뇨병의 원인이 되지만, 이보다 사회적으로 '눈치'를 많이 받는다는 점 때문에 많은 사람들이 살을 빼는 데 힘쓴다. 이런 차원에서 일본의 나구모 요시노리 박사의 1일 1식 건강법이 우리나라에 크게 유행하였다. '1일 1식'은 공복 상태를 유지하면 우리 몸의 세포들의 유전자를 활성화시키고 세포의 기능이 개선된다는 이론을 토대로 한다. 실제로 소식이 장수하고 노화를 방지한다는 연구 결과는 많지만 대부분 동물실험을 바탕으로 하고 있다(체중에 관한 내용은 Part 3의 '나에게 과체중을 허하라'에서 자세히 다루었다).

적당한 식이요법은 건강을 지키는 방법이지만, 지나친 과식과 소식이나 편식은 모두 심신의 건강을 해친다. 살을 빼는 것만이 진리가 아니다. 개인에 맞춘 알맞은 식이요법을 할 수 있도록 담당 의사와 상의해야 한다.

먹기만 하면 지방분해? _ 효소 건강법

지난 3~4년 간 곡물 효소가 큰 유행을 했다. 현미나 쌀과 같은 곡식을 발효시켜서 작은 환으로 만든 제품인데, 체지방을 분해하고 복부 지방이 감소한다고 알려져 있다. 현미나 쌀을 이스트로 발효시키면 탄수화물과 단백질을 분해시키는 효소가 많아진다.

그런데 이런 효소는 강한 산에 노출되면 탄수화물이나 단백질을 분해시키는 기능을 잃어버린다. 따라서 식사와 함께 효소를 먹어도 체지방이나 복부 지방을 줄일 수 없는 것이다. 지금 50~60대인 사람들은 어릴 때 먹던 추억의 건강보조제인 '에비오제'나 '원기소'를 기억할 것이다. 현재의 효소는 에비오제의 부활이라고 할만하다. 1960년대에는 소화촉진과 영양보충제로 선전했는데 현재의 효소는 지방을 분해하고 해독한다고 선전한다. 지금은 영양과잉 시대인 만큼 사람들이 체중을 줄이고 노폐물을 제거하는 것에 더 관심이 많다는 것을 반영한다.

효소 제품이 진화하면서 비타민, 유산균, 녹차와 같은 식품을 첨가하기도 한다. 그러나 무언가를 첨가해도 효소는 소화제 이상의 효과를 기대할 수 없다.

"평소에도 소화가 잘 됐지만 최근 3개월 정도는 소화가 더 안되고 배가 빵빵할 정도로 가스가 많이 차면서 설사도 자주 해요. 설사를 자주해서 식사를 잘 못했더니 체중이 더 줄었어요."

창백한 얼굴에 피골이 상접하다는 표현을 떠올릴 정도로 야윈 홍가희 씨(가명)가 나에게 호소하듯이 얘기했다. 소화장애와 잦은 설사 때문에 대형 병원에서 위장내시경, 대장내시경을 비롯해서, 복부 초음파 검사 그리고 암 검사까지 모두 받았지만 이상 소견을 발견하지 못해서 우리 병원을 찾아온 것이다.

다른 병원에서 시행한 각종 검사의 결과를 확인해 봤지만 이상 소견은 발견되지 않았다. 30대 후반의 가희 씨는 어릴 때부터 소화 기능이 약했지만 최근같이 고생을 한 적은 없었다. 과민성 대장염이 의심되었고, 혹시 음식에 대한 알레르기가 있는지 확인하기 위하여 90가지의 식품 알레르기 검사를 시행했다.

검사 결과는 놀라웠다. 가희 씨는 쌀, 쌀겨, 귀리, 메밀, 보리 등 곡식과 마늘과 생강에 특히 심한 알레르기를 가지고 있었다. 그런데 정작 당사자는 이 같은 사실을 모른 채 3개월 전부터 현미와 쌀겨를 주 원료로 제조한 효소를 복용하고 있었다. 이는 소화장애와 장 증상이 시작한 시기와 일치했다. 가희 씨는 효소복용을 중지하고 알레르기 검사에 따라서 식이요법을 시작하면서 서서히 증상이 호전되기 시작했다.

흔히 곡식은 알레르기 반응이 적고 건강한 식품으로 알려져 있다. 특히 곡식의 껍질에는 식이섬유와 항산화 성분들이 풍부하게 들어 있어서 건강에 도움이 된다. 그러나 가희 씨처럼 곡식에 알레르기가 있는 사람들은 이런 곡식뿐만 아니라 곡식이 주원료인 효소 제품도 안전하지 않으므로 조심해야 한다.

채소 섭취부족의 대안? _ 해독주스

우리나라 국민들은 식사할 때 섭취하는 채소의 양이 적은 편이다. 세계보건기구에서 권장하는 하루 채소 섭취량은 약 400그램인데 우리나라 사람들이 섭취하는 채소량은 여기에 절반도 안된다. 또한 채소 종류도 배추, 무, 상추 등으로 한정되어 있다.

이렇게 채소 섭취가 부족한 우리나라에 2~3년 전부터 유행하는 해독주스는 꽤 좋은 건강식이다(왜 이렇게 이름이 붙었는지는 알 수 없다). 토마토, 브로콜리, 당근과 같이 색깔이 있는 채소와 양배추를 끓는 물에 살짝 데치고 한두 가지 과일을 섞어서 갈아서 주스형태로 먹는다. 채소는 생으로 먹으면 소화가 잘 되지 않고 영양소가 잘 흡수되지 않는다. 토마토와 당근을 삶으면 영양 흡수가 더 좋아지고, 브로콜리와 양배추도 살짝 익히면 소화가 잘되고 장에서 흡수도 잘된다. 해독주스 한 잔이면 네 가지 채소와 한두 가지 과일을 200그램 정도 섭취할 수 있기 때문에 하루 두 잔이면 채소 하루 권장량을 다 채울 수 있다. 나도 2년 전부터 거의 매일 마시고 있다.

이렇게 좋은 해독주스도 섭취하면 오히려 해가 되는 사람들이 있다. 해독주스에는 칼륨이 많이 들어 있어서, 신장 기능에 이상이 있는 환자들에게는 부정맥의 위험이 있다. 또 과민성 대장염이나 크론씨병과 같이 장에 이상이 있는 환자들에게는 해독주스의 식이섬유 중 불용성 섬유소(채소에서 실같이 눈에 보이는 섬유소)가 장을 자극해서 설사나 복통이 더 심해질 수 있다. 따라서 이런 문제가 있는 환자들은 반드시 주치의와 상의해야 한다.

약 아닌 식품! _ 건강보조식품

텔레비전 속 건강프로그램이나 홈쇼핑 채널에 의사나 한의사가 나와 각종 건강보조식품을 광고하고 있다. 의사인 나도 이런 방송을 보고 있으면 저 제품을 먹어야 건강해지고 젊어질 것 같은 착각이 생길 정도이다.

"갱년기 여성이 간기능장애로 입원했는데 뚜렷한 원인을 발견할 수 없었어요. 간수치가 2,000을 넘어가는데 원인을 모르니까 참 답답했지요."

대학병원에서 교수로 근무하는 후배인 한 원정박사에게 들은 얘기다.

"회진하다가 침대 옆에서 여성 갱년기와 관련된 건강기능식품 박스를 발견했어요. 환자가 저희 병원에 내원하기 3개월 전부터

이 약을 먹기 시작했고 2개월 전부터 피로하고 무기력한 증상이 시작됐죠."

어떻게 그 제품 때문이라고 확신하느냐는 나의 질문에, 후배는 환자가 제품 섭취를 중단한 후 3~4일 후부터 간기능이 개선되기 시작해 퇴원했다고 답했다. 퇴원 후 3개월이 지난 지금 간기능은 정상이라고 했다. 나는 후배의 진단에 동의할 수밖에 없었다. 원인을 제거한 후에 문제가 해결되었다면, 그 원인이 확실하다는 증거이다. 다른 경우를 보자.

"친정 언니가 갱년기 증상 완화에 좋다고 백수오 가루를 보내줘서 6개월 정도 하루에 3번씩 먹었어요. 증상이 나아지는 것 같아서 더 많이 좋아지라고 좀 많이 먹었어요."

원인을 알 수 없는 피로감 때문에 나에게 찾아 온 50대 중반 나영희 씨(가명)가 말했다. 혈액 검사에서 간기능 장애가 확인되었는데, 간염 바이러스 검사는 모두 음성이었고 초음파 검사에서 지방간도 보이지 않았다. 술도 마시지 않는 영희 씨에게 혹시 지속적으로 먹는 약이 있는지를 물었더니 주저하면서 대답했다. 갱년기 치료를 목적으로 복용한 제품에 의한 간독성(외부에서 들어온 화학물질로 간이 손상을 입은 것)을 경험하는 순간이었다.

백수오가 대중들에게 여성 갱년기 극복에 효과가 있다고 대중들에게 널리 알려진 것과 달리, 정작 의학계에서는 그 근거자료가 부족하다. 백수오가 진짜냐 가짜냐 하는 파동으로 시끄러웠던 적이 있었지만, 이를 떠나 백수오의 효능에 대한 과학적 근거가 아직 마련되지 않은 것이다. 그런데도 남들 말만 믿고 덮어놓고 먹는다면 내 몸에 무슨 일이 일어날지는 장담하기 어렵다.

어떤 건강보조식품은 남성의 전립샘 기능을 개선한다고 알려져 있으나 실제 치료하는 효과는 아직 알려진 바 없다. 성분 중에 혈액 응고를 지연시키는 효과가 있어서 수술 환자나 출혈 경향이 있는 환자는 복용하지 않는 게 좋다.

아로니아와 블루베리는 항산화 물질이 풍부하게 포함되어 있는 열대 과일이다. 항산화 물질은 하늘의 별만큼이나 종류가 많다. 아로니아와 블루베리에는 특히 안토시아닌과 폴리페놀이 풍부하게 포함되어 있어서 세포를 재생시킬 뿐만 아니라 암세포도 제거하는 효과가 있다고 알려져 있다. 문제는 이 효능이 아로니아와 블루베리의 생과일이 갖고 있다는 점이다. 건조한 제품이나 농축액으로 만든 제품들은 고온으로 가공된 것이므로, 대부분의 항산화물질이 기능을 상실한다. 가공과정에서 설탕을 사용했다면 당뇨환자의 혈당 조절에 장애를 초래하거나 당뇨병이 없는 사람에서는 체중을 증가시키는 부작용이 있을 수 있다.

혈액을 맑게 하는 효과가 있다고 알려져 있는 오메가 3 지방산은 중성지방이 높은 환자에서 치료제로 사용한다. 고등어나 연어 등 등푸른 생선에 많이 포함되어 있다. 그런데 유명세 높은 오메가 3 지방산 조차 마냥 안전한 식품은 아니다.

대부분의 오메가 3 지방산은 상어, 연어, 참치로 통칭되는 다랑어 등 거대한 생선의 기름에서 정제되는데 이렇게 거대 생선의 몸 속에 수은을 비롯한 중금속의 오염이 있다고 알려져 있다.

따라서 같은 오메가 3 지방산이라고 해도 이런 오염 물질에 대한 관리가 필요하다. 또 흡연 남성이 오메가 3를 장기간 복용하면 폐암이 발생할 확률이 높다는 임상 결과가 있었는데, 다행히 이런 결과는 더 이상 확인되지 않고 있다.

체중을 감량하고 근육을 키워주는 단백질 제품은 대두나 우유에서 추출한 단백질이 주성분이다. 우유 단백질이나 대두에 알레르기가 있는 사람들에게 적합하지 않다. 알레르기의 증상은 참 다양해서 많은 이들이 자신에게 알레르기가 있는지 모르고 살아간다. 아토피, 과민성 장증후군, 만성 소화불량 등도 식품 알레르기가 원인인 경우가 많고, 얼굴이나 전신에 피부 발진, 호흡곤란, 눈이나 인후 부종 등은 좀 더 급성으로 심각하게 나타나는 경우다. 평소에 이런 급성이나 만성 증상이 있는 사람들은 알레르기 원인 물질에 대해서 확인이 필요하다.

건강보조식품 혹은 건강기능식품이라고 분류되는 식품들은 약이 아니고 식품이다. 우리 몸은 다양한 식품을 섭취하고 이런 식품을 통해서 공급되는 영양소들이 서로 상호 작용을 하면서 우리 몸에서 작용한다. 꼭 필요한 성분이 부족해서 건강에 문제가 생길 경우에는 그 부족한 성분을 섭취하면 건강을 회복하지

만, 부족하지 않는데도 더 많이 섭취하면 그대로 배설되거나 혹
은 몸에서 예상하지 못한 이상 반응이 발생할 수 있다. 다양한 식
품을 골고루 먹는 것보다 더 건강한 방법은 없다.

4

의학계&제약회사,
유행을 '조제'하다

　건강을 다루는 방송이 많아지면서 일반 국민들의 건강과 의학에 관련된 상식이 많아졌다. 비만, 고혈압, 고지혈증, 당뇨병과 같은 내과적인 질환에서부터 미용 성형 수술, 관절질환, 디스크 치료, 탈모 치료까지 정말 많은 문제들을 다루고 있다. 각각의 문제들이 전문가의 면밀한 진찰과 검사를 거치기 전에는 결정하기 어려운데, 단지 텔레비전이나 신문, 인터넷 등만 보고 치료법을 결정하고 병원을 찾는 환자들이 많다.

　매체에 담을 콘텐츠를 개발하는 사람들과, 대놓고 광고할 수 없어 건강·의학 프로그램을 활용하는 의학계의 이해관계가 맞물려 수많은 정보들이 쏟아져 나오고 있다. 제약회사의 의도가 엿보이는 기획기사도 꽤 눈에 띈다. 의사의 처방을 뛰어넘을 듯한(?) 효능을 갖춘 약들이 TV와 신문지면에서 우리에게 손짓한다.

　이렇게 나온 정보는 유행이 된다. 사람 외모가 다 다른 것처럼 같은 병명의 환자라도 건강 상태, 연령 등에 따라 치료법을 달리해야 하는데 이미 유행에 호도된 사람들은 의사의 조언을 들으려고 하지 않는 경우가 많다.

외모지상주의 부추기는 성형외과 광고

지하철이나 시내버스의 벽에 붙은 광고 중에는 단연 성형외과 광고가 으뜸이다. "어머니 나를 낳으시고, 의느님(성형외과 의사를 일컫는 말) 나를 만드셨네."라는 말이 유행할 정도로 성형수술은 대중화 되었다.

예쁘고 잘 생긴 것이 권력인 세상이 되었다. 우리나라의 뿌리 깊은 외모 지상주의가 일차적인 원인이겠지만, 의료인들이 반성할 만한 대목은 없을까. 거리를 도배하다시피 한 성형외과 광고는 쌍꺼풀 진 큰 눈과 오똑한 코, 앵두같은 입술, 풍만한 가슴이 없는 사람들을 기죽이고 있다. '쁘띠성형', '점심시간에 잠깐 수술 받고 회사로 복귀 가능' 등 매혹적인 문구가 사람들을 유혹한다.

심지어 전신마취하에 두세 시간을 넘기는 수술조차 '당일입원, 당일퇴원' 문구가 달려 있다. 소비자의 입맛에 따른 것이겠지만 의술을 맹세한 의료인들이 꼭 그렇게까지 해야 할까 하는 의문이 드는 것도 사실이다. 비의료인이 잘못된 방식의 의료행위를 원할 때 의료인이 이를 바람직한 방향으로 이끄는 것이 맞지 않을까. 성형외과 시술/수술 중 심심찮게 사고가 일어나는 것도 소비자의 욕구에 무리하게 맞추다보니 나타나는 부작용일지도 모른다.

"그럼 수술을 못하나요?"

진료실을 찾아온 20대 장미영 씨가 걱정스럽게 물었다. 그녀는 유방확대술을 앞두고 성형외과에서 혈액검사를 했는데 빈혈이 확인되어서 나에게 의뢰된 환자였다. 미영 씨는 다이어트를 해서 체중을 줄였는데 가슴이 작아져 수술을 하고 싶어 했다.

하지만 헤모글로빈수치가 매우 낮아서 빈혈을 치료하기 전에는 수술하는 것이 위험했다. 심한 빈혈은 심장을 약하게 하고 혈액순환에 장애를 일으키는 중요한 질병이다. 만일 수술 도중에 출혈이라도 한다면 생명에 위협이 될 수도 있는 상황이었다.

중대한 질병을 치료하기 위한 수술이라면 수혈하면서라도 해야 하지만, 미용을 위한 수술을 빈혈이 정상으로 회복될 때까지 미루는 것이 당연하다. 그럼에도 그녀는 몇 번이나 "그냥 수술하면 안 될까요?'를 반복했다.

간장약 미리 먹으면 간장병 예방할까?

활짝 웃는 얼굴이 매력적이고 에너지가 넘치는 유명 축구선수가 경쾌한 음악에 맞춰서 율동을 하면서 "간 때문이야, 간 때문이야."라고 노래를 부르는 광고가 있다. 이 광고를 보고 있노라면 나도 빨리 가서 그 약을 사먹고 싶은 충동이 일 정도이다. 이외에도 곱게 나이를 먹고 있는 여배우가 출연해 권하는 갱년기여성을 위한 영양제나 남성에 참 좋은 영양제, 뼈와 잇몸을 튼튼하게 해준다거나 시력을 개선시키는 약 등 내 건강을 책임져 줄 약들이 즐비하다.

과연 광고에서 나온 것처럼 약을 먹으면 간도 건강해지고 잇몸도 튼튼해지며 갱년기증세도 예방할 수 있을까? 광고에 출연한 모델들이 바로 그 약을 먹어서 건강하고 에너지가 넘칠까? 광고는 광고일 뿐이다. 그런데 우리는 정말 쉬운 이 진리를 깜박 잊고 넘어갈 때가 많다.

어떤 약이든 약 하나만으로 건강을 개선시킬 수 없다. 또한 부작용이 없는 약이 없다. 대다수의 사람들에게 별 이상이 없더라도 하필 나에게서 부작용이 나타날 수 있다. 어떤 약제의 경우는 특정질환이나 체질의 사람들이 복용하면 안 되는데도 누구나 먹어도 된다고 광고하기도 한다. 무엇보다 굳이 약을 먹을 필요가 없는 사람들까지 그저 좋기만 할 줄 알고 사용하는 것이 문제이다.

피로의 원인은 간이 아니라 과로나 잘못된 생활 습관 그리고 지나친 음주와 흡연이다. 원인은 그대로 놓고 간에 좋은 약을 먹는다고 문제가 해결되지는 않는다. 스스로의 문제를 먼저 생각하고 과감히 고치는 행동이 필요하다. 약은 약일 뿐 건강을 지켜줄 수는 없다.

혈압, 120/80mmHg이어야 정상일까?

"혈압이 150까지 올라 갈 때도 있는데 혈압약을 끊어요? 그래도 괜찮아요?"

김정근 씨(가명)가 의심스러운 목소리로 물었다. 부정맥이 있어서 대학병원에서 치료하던 70대 초반 남성인 정근 씨는 어지러운 증상이 있어서 내원했다. 내원했을 때 혈압이 80/50 mmHg이었고 맥박은 1분당 45회로 매우 느렸다. 대학 병원에서 처방한 약 중에서 혈압을 낮추고 동시에 맥박을 느리게 하는 약이 있어서, 그걸 복용하지 말도록 권유했더니 나온 반응이었다. 정근 씨는 그 혈압약 복용을 중단하지 않았고 그 이후에도 어지럼증 때문에 여러 차례 대학병원 응급실에서 링겔 등으로 응급처치하고 퇴원하기를 반복했다.

일반적으로 정상혈압은 120/80mmHg로 알고 있는 사람들이 많다. 수축기 혈압이 130mmHg이면 혈압이 높다고 걱정한다.

그런데 혈압은 한 가지 숫자로 정의할 수 있는 것이 아니다. 정상 혈압은 수축기 혈압 135mmHg까지 이완기 혈압 85mmHg까지이고, 반복해서 혈압을 측정했을 때 수축기 혈압이 140mmHg 이상이거나 이완기 혈압이 90mmHg 이상일 때 고혈압 약물 치료를 시작한다.

나이가 들어감에 따라 혈관이 탄력을 잃어가면서 수축기 혈압은 150mmHg 이상으로 높고, 이완기 혈압은 70mmHg 혹은 그 이하로 유지되는 사람들도 있다. 심장에서 피를 짜내는 수축기에는 혈액이 심장을 떠나서 혈액이 전신에 산소와 영양분을 공급하고 이완기 동안 다시 심장으로 돌아온다. 이완기 혈압이 최하 60mmHg 이하이면 특히 뇌에 공급되는 혈액이 부족해서 뇌세포가 손상되기 쉽다. 따라서 이런 환자에서는 수축기 혈압이 아니라 이완기 혈압에 맞추어서 혈압약을 처방해야 한다.

다시 말해서 수축기 혈압이 150mmHg 이상이라도 이완기 혈압이 70mmHg 이하면 혈압약을 쓰지 말아야 한다. 최근에 넘쳐나는 건강 관련 방송에서 이런 세부 사항까지는 다루지 못하고 고혈압이 뇌졸중이나 심근 경색증의 원인이라는 것만 강조하다 보니 혈압 조절이 오히려 해가 될 환자들까지도 혈압약을 복용하는 일이 발생한다.

혈압은 하루 중에도 여러 차례 변한다. 긴장하거나 운동을 하면 올라가고 긴장을 풀고 편히 있으면 내려가기 때문에, 편한 상태에서 반복해서 측정한 혈압을 기준으로 고혈압 여부를 결정한다. 혈압약을 복용해서 혈압이 정상으로 유지되면 고혈압에 의한 치명적인 합병증의 발생을 60% 정도 줄일 수 있는 좋은 치료법이므로, 고혈압 환자들은 당연히 혈압약을 복용해야 한다.

그러나 연령에 따라서 동반된 질병의 종류와 유무에 따라서 고혈압 치료의 기준이 다르다. 그렇기 때문에 획일적인 숫자에 의해서 유행같이 치료하면 오히려 환자에게 해가 된다.

인슐린주사의 명암

당뇨병은 말 뜻 그대로 '오줌으로 당이 나오는 병'이다. 혈액 안에 당의 농도가 높으면 오줌으로도 당이 흘러나온다. 음식을 먹으면 소화되고 흡수되어서 혈액 안에 당의 농도가 올라간다.

이렇게 음식을 먹어서 혈당이 올라가기 시작하면 즉시 췌장에서 인슐린이 나와서 세포가 당을 쓸 수 있도록 하고 혈당이 올라가지 않도록 조절한다.

아이들에게서 발생하는 당뇨병은 대부분 인슐린 생산과 분비가 되지 않아서 발생하는 인슐린 부족이 원인이다. 그러나 성인에게서 발생하는 당뇨병은 그 원인이 다양하다. 인슐린 생산과 분비가 되지 않는 인슐린 부족에 의한 당뇨병은 사실 소수이다. 인슐린을 생산하고 분비하는 능력은 정상이거나 오히려 더 많지만 세포들이 인슐린이 있어도 당을 조절하지 못하는 경우, 이런 경우를 인슐린 저항성(인슐린에 저항한다는 의미)이라고 한다.

성인에게 발생하는 당뇨병의 대부분의 원인이 인슐린 저항성이다. 또 인슐린이 분비되지만 식사 후 올라가는 혈당을 잡기에 부족한 부분적 장애도 있고, 처음에는 인슐린 저항성이 있던 환자가 시간이 경과하면서 인슐린 분비를 아주 못하는 인슐린 부족으로 바뀌는 등 개인 차이가 심하다. 따라서 같은 당뇨병이라도 그 원인에 따라 맞춤 치료가 필요하다.

약 1년 전에 내 진료실을 찾은 40대 초반의 한재영 씨(가명)는 재정 분석가이다. 4년 전 처음 당뇨병을 진단받고 운동과 식이요법만으로 혈당이 잘 조절되었으나, 최근 혈당이 많이 올라가면서 체중이 급격하게 감소해서 내원했다. 재영 씨는 인슐린 생산 및 분비 능력은 정상인보다 높으나, 인슐린의 조절 능력에 이상이 생겨서 발생한 당뇨병이었다. 재영 씨는 밥, 국수, 떡, 빵과 같은 탄수화물 섭취를 줄이고 계란, 생선 그리고 지방이 적은 살코기와 채소 위주로 식사하고 인슐린 저항성을 개선하는 약물을 복용하기 시작하면서 혈당이 정상으로 유지되고 체중도 증가했다.

50대의 조병만 씨(가명)는 3년 전 당뇨를 발견하고 식이요법으로 혈당이 잘 조절되었는데, 최근 혈당이 증가하기 시작한다고 했다. 알맞은 체격에 과식하지 않고 운동도 열심히 하는 편이었다. 혈액 검사 결과, 최근 높아지기 시작한 혈당은 인슐린 생산 및 분비 능력이 감소가 원인이었다. 병만 씨도 재영 씨와 마찬가지로 식이요법을 하면서 인슐린 분비를 촉진하는 약을 사용하자 혈당이 정상으로 유지되었다.

최근에 내원한 양정원 씨(가명)는 30대 초반의 키 174cm에 체중 131kg으로 비만했다. 6년 전부터 당뇨병으로 진단받고 24시간 지속하는 인슐린 주사와 하루 3번 식사 때마다 속효성 인슐린 주사를 맞으면서 혈당을 조절하고 있었다. 당뇨병 치료를 받으면서 6년 간 30kg 정도 체중이 늘었고 현재도 계속 늘고 있는 중이었다.

우리 병원에서 검사한 결과 정원 씨는 아직도 인슐린을 생산하고 분비하는 능력은 유지하고 있었는데 혈액 내 인슐린의 농도가 매우 높았다. 인슐린 주사 때문에 인슐린 저항성이 더 심해지고 그 결과 체중도 증가하고 있었다. 나는 그의 아침을 거르고 야식을 많이 하는 식생활을, 하루 3끼를 균형 있게 식사하고 간식은 채소 위주로 하는 식이요법과, 하루 1시간씩 걷는 운동을 병행하도록 권유했다. 이와 함께 하루 한번 맞는 인슐린만 유지하고 하루에 세 번 맞던 인슐린을 중단하고 인슐린 저항성을 개선하는 약으로 바꿨는데, 그 이후부터 서서히 체중이 감소하기 시작했다.

인슐린 분비가 많고 인슐린 저항성이 높은 당뇨병에서 인슐린 분비를 촉진하는 약을 쓰면 인슐린 저항성이 악화되고 췌장의 인슐린 분비 능력이 빠르게 소진되므로 당뇨병을 악화시키게 된다. 인슐린 농도가 혈액 안에 높게 유지되면 체중이 늘고, 고지혈증, 동맥경화증 등을 악화시킨다. 이와 반대로 인슐린 분비가 약하고 인슐린 저항성이 없는 경우에는 인슐린의 분비를 촉진시키는 약과 인슐린의 효율을 높이는 약을 동시에 사용하면 치료 효과가 좋다. 만일 이런 환자에서 지나친 식이요법을 고집하면 저체중, 영양 불균형 등의 문제가 동반할 수 있으므로 유의하여야 한다.

인슐린 주사제를 사용하기 시작하면서 당뇨병 환자들의 생존 기간이 길어지고 삶의 질이 개선되었다. 최근에는 인슐린의 종류 가 다양해져서 인슐린의 효과가 24시간 지속되는 것부터 주사 직후에 효과가 나타나기 시작해서 3~4시간만 작용하는 것까지 선택의 폭이 매우 넓다. 당뇨병이 발생한 원인과 상관없이 인슐린 주사를 사용하면 대부분의 환자의 혈당이 조절된다.

그래서 식이요법이나 운동을 하지 않거나 약으로 혈당이 잘 조 절되지 않는 환자에게 원인과 상관없이 손쉽게 인슐린을 쓰고 싶 은 생각이 드는 것도 사실이다. 그러나 환자의 건강을 생각하면 시간이 걸리더라도 환자에게 꼭 맞는 치료법을 찾아야 한다.

더욱이 처음에는 인슐린 분비가 많던 환자들도 시간이 지나감 에 따라 인슐린 분비 능력이 점차 소멸되는 예가 자주 있다. 그러 므로 당뇨병을 처음 발견하면 전문의와 함께 자신의 인슐린 분 비 능력이 얼마나 되는지 반드시 확인하고, 적어도 6개월에 한 번씩 그 추세를 확인해야 한다. 우리 몸은 변화하는 유기체이다.

관심을 갖고 몸이 요구하는 대로 바르게 대처하는 지혜가 필요 하다.

5

진짜 우리 몸을 좀먹는 것들

앞서 언급한 바처럼 우리나라 국민들은 스스로를 건강하지 않다고 느끼는 경우가 많았다. 소위 선진국 클럽이라고 알려져 있는 경제협력개발기구(OECD)는 다양한 조사결과를 발표하는데, 그중 각 나라의 국민들이 스스로 느끼는 건강상태를 조사해서 비교한 결과가 있다. "1. 아주 건강, 2. 건강, 3. 보통, 4. 건강하지 않다. 5. 건강상에 문제가 있다"의 5가지 답변 중에서 본인이 느끼는 건강상태를 대답하는 형식이었다. 우리나라 사람들이 1, 2, 3번을 선택한 경우는 10명 중 3명에 불과했다. 남녀 모두 10명 중 7명이 건강하다고 대답한 OECD 평균의 절반에도 못 미치는 결과이다. 스웨덴 사람들은 남녀 모두 10명 중 8명이 건강하다고 대답했는데, 일본은 자신이 건강하다고 대답한 사람이 10명 중 3명 정도로 우리나라와 비슷했다.

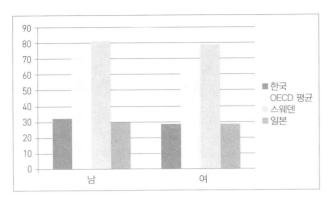

OECD조사, 스스로 건강하다고 느끼는 사람 (응답자의 %)

자, 그렇다면 우리나라 사람들이 정말 건강하지 않는 걸까? 그렇지 않다. 한국인의 평균수명은 지속적으로 상승세에 있으며, 2012년 기준으로 약 81세다(남자 77.95세, 여자 84세). 우리가 정말 건강하지 않다면 평균수명도 올라갈 리 없다. 그런데 왜 사람들은 자신이 건강하지 않다고 '느끼는' 걸까? 우리의 건강을 좀먹고 있는 진짜 원인을 살펴보도록 하자.

번아웃 증후군

"머리가 답답하고 가슴도 답답합니다. 엘리베이터를 타면 답답해서 뛰쳐나가고 싶어요. 술을 마시면 다음날 머리가 깨질 듯이 아프고 자리에서 일어날 수 없을 정도로 피로합니다. 간이 나쁠까요?"

생명보험 회사의 지점장인 30대 후반 남성 한기태 씨(가명)의 하소연이다. 기태 씨는 2년 전부터 우리 병원을 찾아왔는데, 2~3개월 전부터 무기력하고 잠을 깊이 잘 수 없으며 소화가 잘 되지 않고 신물이 역류하는 증상이 계속된다고 하소연하였다. 그는 회사에서 인정받고 있었다. 밤늦도록 누구보다 열심히 일해서 입사 후 8년 만에 지점장으로 승진했다. 소속 직원도 40여 명이었고 지점의 매출도 상위권이었다. 하지만 고단했다. 지난 일 년 동안 별을 보고 출근해서 별을 보고 퇴근하는 것을 반복했다.

고객과 만나는 것도 힘들었지만 다양한 연령층의 영업 사원을 관리하는 일이 더 힘들었다. 다른 지점과 매출실적을 경쟁하는 것도 피를 말리는 일이었다. 어느 날 갑자기 무기력하고 아침에 출근하기 힘든 증상이 생기기 시작했다. 회사를 가고 싶지 않고 이젠 더 이상 성장할 수 없을 것 같은 불안감이 들었다. 그래서인지 최근 2~3개월 동안은 판매 실적이 정체되고 신입사원 영입도 없어서 더욱 불안했다.

기태 씨가 겪는 증상은 전형적인 번아웃 증후군이다. 번아웃 증상 혹은 탈진 증상은 심한 스트레스에 의해서 심리적으로 탈진해서, 직업 활동을 할 수 없을 것처럼 느끼고 스스로 소외되는 감정이 들며 그 결과 성과가 저하되는 증상을 뜻한다. 소화불량, 두통, 과민성 대장 증후군, 어깨나 뒷목 결림과 같은 신체적인 증상이 동반되는 경우도 많다. 과제를 수행할 에너지가 없고, 동료나 친구 등 필요한 모임에 참석할 의욕도 없고, 건강이 나쁜 것으로 생각되고 일에 대한 환멸이 느껴질 때 번아웃 증상을 의심할 수 있다.

번아웃 증후군은 일에 성과가 떨어지는 것뿐만 아니라 건강상에도 문제가 발생할 수 있고 특히 대인관계까지 악화된다. 직장생활이나 사회생활에 심각한 장애가 발생하기 전에 빨리 정신과 혹은 내과 전문가의 도움을 받고 에너지를 회복해야 한다.

번아웃 증후군 의심 증상 10가지

1. 탈진
2. 동기 상실
3. 좌절/냉소적/부정적인 감정
4. 인지력 감소
5. 업무 성과 감소
6. 인간관계 장애: 도발적이거나 말 수가 줄거나
7. 자기 관리 소홀
8. 일하지 않을 때도 일을 손에서 놓지 못함
9. 만족하지 못함
10. 건강이상

번아웃 증후군 개선방법 7가지

1. 취미생활
2. 일하지 않을 때는 일을 완전히 잊어버리기
3. 충분한 수면
4. 정리 정돈
5. 마음이나 몸의 소리에 귀 기울이기
6. 원인이 내부인지 외부인지 파악하기
7. 소통

야근도 싫지만 회식도 싫어요!

민경완 과장(가명)은 최근에 큰 프로젝트를 끝내고 직원들과 함께 회식을 하기로 결정했다. 지난 3~4개월 간 공들인 프로젝트가 완료되면서 팀원들의 사기를 올려 줄 목적으로 값비싼 식당에서 거하게 회식할 것을 공지했는데 팀원들의 반응이 시큰둥했다. 회식보다 일찍 퇴근해서 집에서 쉬고 싶다는 사람들의 수가 압도적으로 많았다. 사실 민 과장 본인도 집에서 쉬고 싶었지만, 팀원들을 격려하고 결속을 다지기에는 회식만한 것이 없다고 생각해 결정한 것인데, 팀원들의 반응이 좋지 않아서 실망스러웠다.

2013년 11월에 온라인 여행사인 '익스피디아'에서 30~40대 직장인 남녀 총 1,000명을 대상으로 설문조사한 결과, 직장인들이 가장 스트레스를 받는 상황 2위는 이틀 이상 야근할 때이고, 1위는 일이 없는데 상사 눈치를 보느라고 퇴근하지 못할 때이다.

흥미롭게도 매주 회식을 하는 것도 스트레스를 받는 것으로 인식했다. 2014년 잡코리아에서 직장인 864명을 대상으로 한 조사에서 응답자의 54%는 야근을, 25%는 회식을 스트레스로 지목한 것과 같은 결과이다.

상사의 눈치를 보는 야근과 회식을 피로의 원인으로 지목한 것이 흥미롭다. 요즘 젊은이들은 단체생활보다는 자기만의 시간을 중요하게 생각한다는 걸 명확하게 보여주는 결과이다. 회식은 흔히 팀의 결속을 다지고 회사에서 직원들의 사기를 올리는 방법으로 알려져 있지만, 먹을 것이 풍부하지 못하던 구시대적인 발상이다. 젊은 직장인들은 '우리'를 강조하는 회식보다는 비용을 부담하더라도 자신이 만나고 싶은 사람들과 모이고 싶다는 의지가 크다.

과거 나는 일본에서 다국적 기업에서 일한 적이 있었는데 그때는 팀원이 모두 참석하는 회식이 한 번도 없었다. 연말에 한 번 파티를 하는 것이 전부였다. 2년간 공부하러 스웨덴에 머물렀을 때에도 팀원끼리 회식하는 일은 없었다. 퇴근 시간이 되면 누구나 컴퓨터를 끄고 당당하게 퇴근했다. 회식이 전혀 없는 환경이 낯설고 약간은 섭섭하고 정이 없는 것같이 느껴졌지만, 일찍 퇴근해서 가족과 같이 저녁시간을 보낼 수 있는 가치를 알게 되었다.

직원 스스로 일찍 퇴근해 충분한 휴식을 통해 재충전하고 힘차게 다음 날을 시작할 수 있도록 근무시간에 몰입해서 일하는 효율을 올리도록 노력해야 한다. 또한 회사는 퇴근 시간을 보장하도록 기업 문화를 바꾸어 나가야 한다. 팀워크를 다지는 회식조차 직장 근무의 연장이다. 직장일과가 끝나면 일에 대한 '스위치'를 끄고 나에게 집중하는 시간을 갖는 것이 내일을 위한 재충전이고, 번아웃을 방지하는 가장 좋은 방법이다.

슈퍼우먼 콤플렉스

"육아 휴직으로 3개월 간 집에서 아기를 돌보다가 직장으로 복귀한 지 2년 되었어요. 잠이 부족한 것이 가장 힘들어요."

박수영 씨(가명)는 30대 초반 여성으로 외국계 기업에 근무하고 있는데, 입술에는 포진이 생겼고 몸살과 콧물이 심해져서 우리 병원에 왔다. 한 달 간격으로 3~4회 계속 비슷한 증상으로 고생하고 있었다. 생리도 불규칙해졌다고 했다. 대기업의 비서실에 근무하는 남편은 평일에는 거의 밤늦게까지 일이 있어서 얼굴을 보기도 힘들 때가 많고 주말에도 나가는 날이 많았다. 그녀는 3개월 육아 휴직을 마치고 직장으로 복귀하면서 근처에 사는 시부모님께 아이 양육을 부탁드렸다. 아침에 출근하면서 아이를 시부모님 댁에 맡기고 퇴근하는 길에 아이를 데리고 집으로 돌아오는데 집에 돌아오면 8시가 넘는 날이 대부분이다.

아이를 먹이고 씻긴 후 엄마와 놀고 싶어 하는 아이를 위해 책을 읽어주고 블록쌓기 놀이를 하다 보면 10시가 넘는다. 아이를 재우고 내일 식사 준비나 빨래, 방 정리 등을 하다가 잠자리에 드는데, 거의 새벽 1시를 넘기기 일쑤다. 매일 늦는 남편을 생각하면 화도 나지만, 밤이 늦어서 축 쳐져 들어오는 걸 보면 안쓰럽기도 하다.

결혼하기 전에는 회사에서 남자 동기들보다 일을 똑 부러지게 처리한다고 칭찬도 많이 받았고 승진도 빨랐지만, 육아휴직 이후로 승진의 기회는 멀어졌고, 야근 때도 아이와 시부모님께 미안해서 일에 집중하기가 어려웠다. 직장과 집에서 각각 역할을 다하려다보니 몸이 열 개라도 모자라는 것 같다.

나는 그녀에게 잠깐이라도 짬을 내어 휴식을 취할 것과 식사를 대충 때우지 말고 영양보충을 신경 쓸 것을 권유했다. 최선을 다하는 노력은 아름답지만 그 때문에 건강을 타협할 수는 없는 것이다. 하루 최소 6시간의 수면, 영양보충, 하루 10분이라도 간단한 스트레칭을 하는 것은 내 몸 건강을 위한 '최소한의 노력'이다. 워킹맘들은 직장일과 집안일 동시에 꾸리는 슈퍼맘들이다.

엄마의 건강이 무너지면 가족 모두의 건강도 무너진다. 수영 씨와 같은 세상의 모든 워킹맘에게 격려를 보내며 아울러 최소한의 노력을 양보하지 말 것을 권한다. 엄마가 건강하고 행복해야 가정도 직장도 건강하고 행복하다. 작은 노력으로도 건강과 행복을 지킬 수 있다.

전업주부의 피로

"손발이 저리고 배꼽 아래부터 발끝까지 춥고 시리고 아파요."
50대의 전업주부 정현미 씨(가명)는 2년 전에 폐경이 되었고 1

년 전에 의료보험공단에서 시행한 검진에서 당뇨병이 발견되어서 약물 치료와 식이요법을 하고 있었다. 몹시 피로하고 잠을 깊이 자지 못하며 소화가 되지 않는 증상이 있고, 최근 2, 3개월 간 손발이 차고 특히 배꼽 아래가 시리고 춥다고 내원했다. 혈당은 잘 조절되고 있었고 다른 합병증도 발견되지 않아서, 합병증이 없는 성인형 당뇨병으로 진단하였다. 당뇨병 환자에게도 손발이 저리고 시린 증상이 나올 수 있지만 현미 씨의 증상과는 맞지 않았다. 혈액순환장애로 진단하고 치료하고 있는데, 12월 초에 남편과 같이 내원했다.

현미 씨의 남편은 딸꾹질이 하루 종일 혹은 며칠씩 지속되면서 정상적인 일상생활이 불편할 정도였다. 딸꾹질은 흉곽과 복강을 나누는 횡경막의 근육이 저절로 수축하면서 생기는 증상인데, 심하게 긴장할 경우에 잘 생긴다. 남편을 만난 후에야 현미 씨의 증상도 이해되기 시작했다. 두 사람의 아들이 재수 중이었는데 수능 점수가 작년보다 더 낮게 나오자 스트레스를 많이 받고 있었다. 수능 점수를 확인하던 날 남편의 딸꾹질이 시작되었고 현미 씨의 증상도 한층 악화되었다. 설상가상으로 집안의 경제를 이끌던 남편이 그해 초 퇴직하면서 두 사람은 미래에 대한 불안에도 시달리고 있었다. 20여 년을 고생하며 열심히 살았는데 수중에 있는 건 약간의 퇴직금과 집 한 채가 전부였다.

현미 씨처럼 많은 전업주부들이 가족에게 헌신하고 자녀의 학업에 거의 모든 것을 건다. 온 힘을 바쳐서 뒷바라지를 했지만 학업 성적이 기대에 미치지 못하면 맥이 빠질 수밖에 없다. 현미 씨는 진료실에서도 눈시울을 붉히고 한숨을 쉬는 날이 많았다.

현미 씨의 증상을 개선하기 위해 혈액순환장애 치료제와 말초신경장애 치료제를 사용했지만 효과가 없었다. 불안 신경증 치료제를 소량 사용하면서 증상이 완화되었다. 나는 현미 씨에게 아들이 스스로 자신의 인생을 개척할 수 있도록 기다려주면서 마음의 여유를 찾을 것을 권했지만 불가능할 것 같다는 대답만 들었다.

화병은 우리나라에서 세계 최초로 병명을 등록한 일종의 정신질환이다. 억누른 감정이 가슴 통증, 소화장애, 수면장애 등 다양한 신체 증상으로 나타나는 것을 의미한다. 자신의 헌신에 대한 보답이 돌아오지 않을 때, 끊임없이 억누르며 살아야 할 때, 자신의 가치를 인정받지 못할 때 오는 증상이다. 현미 씨의 경우에는 전업주부로 남편과 아들에 헌신하면서 두 사람의 성공과 출세를 본인의 것으로 대리 만족하고 있다가, 본인이 가지고 있던 기대와 현실이 맞지 않아서 생긴 심인성 신체 증상(psychosomatic syndrome)인 화병에 해당된다. 심한 스트레스에 의해서 당뇨병이 발생했고, 처음에는 갱년기 증상과 같이 오는 피로, 수면 장애가 발생한 후에 점차 소화불량, 수족 냉증, 감각 이상 등 신체적인 증상이 심해진 것으로 생각되었다.

전업주부라고 모두 다 현미 씨 같은 문제가 있는 것은 아니다. 그러나 주부가 자신을 잃어버리고 자식과 남편에만 전념하는 경우에 이런 문제가 발생하기 쉽다. 주부가 가족에게 헌신을 하는 건 아름답지만, 자신의 존재 가치를 타인에게 의존해서는 안 될 것이다. 주부 스스로 자신의 존재감과 자존감을 지킬 수 있는 마음가짐과 행동이 필요하다. 또한 가족들의 지지 역시 증상 개선에 가장 필요한 요소이다.

슈퍼맨 신드롬

"스트레스가 질병의 치명적인 원인이 될 수 있죠."

나의 말에 이세상 씨(가명)는 한숨을 푹 쉰다.

"제가 그랬습니다. 앞만 보고 달리는 동안에는 그런 생각을 못하고 지냈습니다."

이세상 씨(가명)는 60대 중반의 남성이고 사업가이다. 약 3개월 전 아침에 출근하다가 정신이 아득하고 가슴이 타 들어가는 듯한 통증을 느꼈다. 심장에 심상치 않은 문제가 발생했다고 느끼고 급히 인근의 대학병원 응급실을 방문했다. 응급실에서는 심근경색증으로 진단하고 즉시 막힌 혈관을 뚫는 시술을 권유했다. 그는 약물치료와 심장의 관상동맥 한 부위에 스텐트(stent) 시술을 받은 후 퇴원했고, 혈액순환장애를 치료하고 재발을 방지하기 위해서 내 진료실에 찾아온 것이었다.

빠른 판단 덕에 위기를 넘길 수 있었지만 입원한 기간 내내 '한 순간에 모든 것이 무너진 듯한 허탈감'과 '늙고 병드는 것에 대한 두려움'이 들었다고 했다. 다행히도 현재는 회복되어서 일상으로 복귀했다. 세상 씨의 부인은 언제나 든든하게 가정을 지키는 슈퍼맨이었던 남편의 심근경색증이 믿어지지 않을 뿐 아니라, 긍정적인 에너지가 넘치던 사람이 하루아침에 무기력한 노인같이 변한 것에 많이 놀랐다고 했다.

심근경색증은 고혈압, 고지혈증, 당뇨병 등 성인질환이 있는 환자들에서 정상인보다 약 2~6배 정도로 많이 발생한다. 그러나 세상 씨처럼 해마다 건강검진을 하고 식이요법을 진행하고 있으며 술, 담배를 즐기지 않는 사람에게도 심근경색증이 발생할 수 있다. 왜 그럴까?

나는 그의 심근경색증의 원인이 극심한 스트레스라고 판단한다. 사업을 하면서 겪은 여러 가지의 사건들이 그를 힘들게 했고, 이것이 몸으로 나타난 것이다. 그는 수개월 간 지속되는 이명과 발바닥이 화끈거리는 말초신경장애, 기억력과 집중력 감소도 호소하였다. 스트레스는 혈관을 수축시키고, 혈압을 올리고, 고지혈증과 당뇨병을 악화시키며, 혈액의 점도를 증가시켜서 심근경색증, 뇌졸중 같은 심혈관질환의 발생 위험을 올린다. 심근경색증이

나 뇌졸중과 같이 심각한 심혈관질환이 발병하기 전에 전구 증상(큰 질병이나 사고가 일어나기 직전의 증상)이 적어도 5~6번 발생한다고 하는데, 세상 씨는 기억력 감소, 집중력장애, 이명 등이 전구 증상이었을 것으로 생각된다. 그러나 그는 자신의 책임을 다하느라 이상증상에 즉각 대처하지 못했다. 천만다행으로 심근경색이 나타났을 당시에 응급실을 찾았기에 큰 사고는 면했지만, 앞선 전구증상이 있었을 때 병원을 찾았더라면 심근경색이 발생하기 전에 치료할 수 있었을 가능성도 있다.

슈퍼맨도 아플 수 있는 사람이다. 몸이 보내는 신호에 귀를 기울일 필요가 있다. 특히 심한 스트레스가 있을 때는 더욱 더 몸의 신호에 주의해야 한다. 세상 씨는 다행히 후유증 없이 회복했지만, 심근경색증에 대한 정신적인 충격은 매우 크며 재발의 위험성도 있다. 따라서 예방보다 더 좋은 치료는 없다.

'검진 맹신 증후군'

건강에 대한 염려가 많은 우리나라 국민들이 건강을 챙기는 방법에는 앞에서 서술한 건강기능식품, 체중을 조절하기 위한 다이어트 등 이름도 나열하기 어려울 정도로 다양하다. 그런데 그것만 있는 것이 아니다. 건강할 때 건강을 해칠만한 위험을 미리 찾아서 대비한다는 건강검진도 매우 발달되어 있다. 출생 전에 산전 진료, 출생 후 신생아 검진, 영유아 검진, 학교에서 시행하는 검진, 성인이 되어서 건강보험 공단에서 제공하는 검진, 40세에 시행하는 생애 전환기 검진, 노년층에 제공하는 검진 등 국가에서 주도하는 검진도 거의 모든 국민을 다 수용할 만큼 광범위하게 제공되고 있다. 이것뿐인가. 검진만을 전문으로 하는 검진센터도 있고, 대형병원에서 시행하는 종합검진 등 다양한 검진 프로그램이 있다.

국가에서 시행하는 검진은 개인이 부담하는 비용이 거의 없지만, 개인적으로 선택하는 종합검진은 적게는 10만 원 정도부터 수백만 원까지 많은 비용을 지불한다. 이렇게 많은 비용을 지불하는 종합 검진은 과연 국가에서 제공하는 검진보다 더 유용한 정보를 제공할까?

"세 달 전에 종합 검진을 받았을 때 이상이 없었는데 지금 검사해야 하나요?"

주희숙 씨(가명)가 나에게 물었다. 건설회사의 영업 담당인 희숙 씨는 1주일 전부터 속이 쓰리고 어지러웠는데 최근 2~3일 동안 검은 짜장 색깔의 대변이 나와서 내원했다. 위장 출혈에 의한 빈혈인지를 확인하기 위하여 혈액으로 빈혈검사와 대변에서 잠혈 검사(대변에서 눈에 보이지 않을 정도의 미세한 혈액를 검출하여 장에 출혈성 질환이 있는지를 알아보는 것)를 하려고 했다.

진찰 결과 얼굴이 창백하고 눈꺼풀도 창백한 소견이 있어서 위나 십이지장의 출혈이 의심되는 상황이었다. 위장출혈은 급성 질환이기 때문에 질병이 의심되는 바로 그날 검사하고 그 검사 결과에 따라서 치료방법을 결정해야 한다. 그러나 희숙 씨는 불과 석 달 전의 종합검진 때 아무 이상이 없었는데, 굳이 지금 검사를 할 필요가 있냐며 고개를 갸웃거렸다.

건강할 때 건강을 지키기 위해 미리 조심을 하는 것은 중요하다. 그러나 특별한 이상을 느끼지 않는 상태에서의 검진이 일상화되면서, 정작 필요한 순간에 검사를 하지 않는 경우가 많아지고 있다. 특히 종합검진은 비용이 많이 들기 때문에 검진을 받고 이상이 없다는 결과를 얻은 사람들은 '한동안 걱정 없겠네!'라는 생각이 강해진다. 때문에 신체적 이상이 나타나더라도 '그때 이상 없었는데 뭐.' 하는 식으로 무시해버리는 것이다. 심지어 종합검진을 예약한 후에는 몸에 이상이 있어도 굳이 병원에 가지 않고 참는 사람들도 있다. 어차피 얼마 후에 종합검진을 받을 테니, 이중으로 돈 들일 필요가 없다는 생각에서다. 나는 이같은 사람들의 심리를 '검진 맹신 증후군'이라고 부르고 싶다.

물론 이중 검진을 할 필요는 없고, 종합검진이 아무 의미가 없는 것은 아니다. 우리 병원을 방문하는 환자들도 정기적인 검진을 받는 경우가 많기 때문에, 나는 검사를 권하기 전에 마지막 검진을 언제 받았는지 묻는다. 이미 검진을 받은 경우에는 그 결과에 따라 질병을 예측하기도 쉽고, 또 중복 검사를 최대한 피하려는 목적도 있다.

그러나 검진을 한 환자들 중에서도 검진의 상세한 결과를 제대로 알고 있는 환자가 드물어 검진 결과를 참고하기 어려울 때가 많다. 희숙 씨 역시 석 달 전 받은 종합검진 결과의 세부 내용을 기억하지 못했다. 나는 그녀를 설득하여 필요한 검사를 받도록 했고, 그 결과 십이지장 출혈을 발견하여 치료할 수 있었다.

아무런 증상이 없고 건강할 때의 검진은 국가에서 제공하는 검진으로 족하며, 설사 비용을 비싸게 들여 종합검진을 예약했거나 받은 후에라도 건강 상의 이상 징후가 발견되면 필요한 검사를 받아야 한다.

검진은 분명 우리 건강을 위해 필요하지만 남용할 이유도 맹신할 이유도 없다. 다음 장에서는 똑똑한 검진 활용법에 대해 구체적으로 이야기하도록 하겠다.

PART 2

**건강검진에
목숨걸지
마라**

1

검진,
어떻게 활용하는 게 좋을까?

우리나라의 건강보험제도는 질병의 조기발견과 그에 따른 요양급여를 하기 위하여 건강보험 가입자 및 피부양자에 대하여 2년에 1회 무료 건강검진을 실시하고 있다. 건강검진은 영유아 검진, 생애 전환기 검진, 직장인 건강 검진, 암검진 등이 있다.

공단 검진은 짝수 해에는 짝수 해에, 태어난 사람을 홀수 해에는 홀수에 태어난 사람을 대상으로 한다. 다음은 국민건강보험의 홈페이지에 있는, 검진을 안내하는 글이다.

성인에서 1차 검진은 일반적인 건강상태를 파악하고, 우리나라에서 비교적 흔한 1, 2차 및 진단대상자의 암 비용은 여러분이 납부하신 보험료로 공단에서 전액 부담합니다. 따라서 본인이 별도로 부담하는 비용은 없습니다.

- 암은 비용을 공단에서 90%를 부담하고 10%은 본인이 부담하셔야 합니다. 다만, 자궁경부암검사의 경우 공단에서 전액부담합니다. 아울러 국가암 대상자(표 또는 대상자명단에 통보처 기재자)인 경우 10% 본인 부담 비용을 국가와 지자체에서 부담합니다.

- 의료급여수급자의 경우 비용 전액을 국가와 지자체에서 부담합니다. 진단은 아래와 같은 연령별 특성에 맞춰 의학적 특성에 부합하는 맞춤형 진단으로 결정되었습니다.
  - 만40세 : 암, 뇌혈관 질환 등 만성질환 발병률이 급상승하기 시작하므로 이에 대한 예방적 조치가 필요한 시기
  - 만66세 : 낙상, 치매 등 노인성 질환의 위험이 증가하고 전반적인 신체기능이 저하하는 시기

건강할 땐 건강검진, 건강이상일 땐 진료

우리나라에서 잘 알려진 강사이자 40여 권의 책을 출판한 저자인 나저명 씨(가명)는 60대 후반의 남성이다. 60대 초반에 전문경영인의 자리에서 물러난 후 현재는 강의와 저술에 전념하고 있었다. 최근에 신간 출간과 함께 기업 컨설팅을 병행하느라 체력이 급격하게 약해져서 두 달 정도 강연활동을 하지 못하고 집에서 쉬고 있었다.

혹시 건강에 이상이 생겼는지 걱정이 되어서 한 달 전에 거액을 들여서 종합검진을 했다. 항목을 기억할 수 없이 많은 혈액 검사와 함께, 뇌 MRI, 심장의 관상동맥 CT, 복부 초음파 검사, 위내시경, 장내시경 그리고 복부 CT까지 검사했는데 모두 정상이었다. 검진결과가 정상이면 기뻐야 할 텐데, 그렇지 못했다. 스스로

몸이 무척 안 좋다고 느끼는데 이상이 없다니 검사결과를 믿지 못하겠다는 것이다. 그는 한의원과 대체의학을 하는 병원을 찾아가 치료를 받았지만 여전히 체력을 회복하지 못했다. 우리 병원을 찾은 것도 혹시나 이상을 찾을 수 있을까 하는 생각에서였다.

나는 저명 씨가 60대 후반의 남성이라는 점에 주목해서 일반적인 건강검진에 포함되지 않는 호르몬과 산화성 스트레스(세포가 대사하는 과정에서 발생하는 활성산소가 너무 많아서 세포를 공격하는 상황)에 대한 검사를 했고, 그 결과 성장호르몬과 남성호르몬 부족 그리고 혈액 내 활성 산소 농도가 증가하면서 활성산소를 제거하는 능력인 항산화력이 매우 부족한 것을 확인했다. 결국은 첨단 건강검진 기술이 발견하지 못하는 문제를 환자가 호소하는 증상에 집중한 결과 확인할 수 있었다. 이렇게 문제점을 발견한 후에 항산화력을 개선할 수 있는 식이요법, 주사요법 그리고 호르몬 보충 요법을 시행하면서 저명 씨의 증상은 개선되기 시작했다.

건강검진은 아직 증상으로 나오지 않은 숨은 질병이 있는지 확인하기 위한 목적으로 실시한다. 건강검진의 항목은 검사 대상의 나이에 맞추어서 일반적으로 의심해볼 수 있는 질환, 예컨대 성인병이나 암과 같이 예측 가능한 위험을 담고 있다. 나에게 맞춤형으로 되어 있는 것이 아니라 연령과 성별에 따른 일반적인 기준을 제시하는 것이다.

따라서 저명 씨처럼 이미 건강이상이 나타난 상황에서는 건강검진을 할 게 아니라 신뢰할 수 있는 의사와 의논해서 필요한 검사를 하는 것이 맞다. 건강검진을 하고 결과를 상담하는 의사는 정상이 아닌 점을 파악하고 문제점이 있으면 해당되는 전문의에게 찾아가서 진료해야 한다고 알려주는 일종의 '교통정리'를 해준다.

따라서 검진을 열심히 받는다고 해서 내 건강을 지킬 수 있는 것이 아니다. 건강할 때는 정기적으로 검진하고 몸에 이상이 나타날 때는 의사를 직접 찾아 가는 것이 건강을 지키는 방법이다.

경제적으로 부유하여 최고가의 건강검진을 자주 받을 것 같은 유명인들이 꽤 이른 나이에 질병에 시달리고 심지어 생을 마감하는 경우를 우리는 종종 접한다. 그들이 건강검진을 제때 받지 못해서 질병을 막지 못한 것일까? 바로 검진으로는 풀 수 없는 질병이었기 때문이다. 예컨대 화병 또는 스트레스에 의한 문제는 첨단 진단 기계로도 찾아내기 힘들다. 그렇기 때문에 건강검진에 기대기보다는, 의사와 꾸준히 진료 및 상담을 통해 자신의 이상을 빨리 찾아내는 것이 필요하다. 진단 장비들도 중요하지만 사람인 의사가 적극적으로 진단하고 검사해야 문제를 해결할 수 있다.

검진으로 찾은 질병, 의사에게 보여라

한송이 씨(가명)는 30대 중반의 활동적인 여성 사업가이다. 최근 머리가 무겁고 피곤해서 동네 병원에서 검사한 결과 혈압이 매우 높고 고지혈증이 있다는 진단을 받고, 우리 병원을 방문했다. 내원 당시에 혈압은 190/130mmHg 이었고, 키는 159cm인데 체중은 수년 전부터 늘어서 70kg이었다. 이완기 혈압이 130mmHg 인것을 확인한 순간, 나는 심한 고혈압 때문에 매우 긴장했지만 송이 씨는 문제의 심각성을 전혀 인식하지 못하는 눈치였다.

자세히 병력을 물어 보니 4~5년 전부터 건강검진을 꾸준히 하고 있고, 혈압이 140/90mmHg정도로 높은 것을 발견하였으나, "아직 젊고 특별한 증상이 없으니, 나아질 것으로 생각했다."고 했다. 또 2년 전부터는 건강검진에서 고지혈증도 발견되었으나, 약물치료는 하지 않고 식이요법을 하고 있었다. 부친과 조부 모두 고혈압이 있고, 뇌졸중을 앓은 가족력도 있었다. 식사는 짜게 먹는 편이고 기름진 음식을 즐겨 먹었다. 흡연은 안 하지만 1주에 3~4회 음주를 하는데 그 양이 상당했다.

정밀검사를 한 결과 그녀의 심혈관 나이는 50대였고, 경동맥에서 심각한 동맥경화증이 확인되었다. 고혈압에 대해서는 우선 약물치료를 시작하기로 하였고, 식이요법과 운동요법에 대한 상담을 진행하였다. 식이요법, 운동요법의 기본은 다음과 같다. 한 달에 2~3kg의 체중 감량을 목표로 하여 6개월 간 10~15kg 감량을 하기로 하였다. 식이요법, 운동, 체중 감량 등의 효과로 고혈압, 고지혈증을 상당부분 해소할 수 있을 것으로 기대하고 있다.

다음은 내가 그녀에게 시행한 식이요법과 운동요법이다.

식이요법

1. 하루 세 끼 규칙적으로 먹기
2. 식사는 현미 잡곡밥, 싱거운 나물, 두부, 약간의 고기와 생선을 기본 찬으로 하기
3. 국, 탕, 찌게의 국물을 최소로 먹기
4. 간장, 고추장, 쌈장, 된장 등 찍어 먹는 것을 자제하기
5. 샐러드 드레싱 적게 먹기
6. 감자, 고구마, 호박 샐러드 등을 먹지 않기
7. 출출할 때 간식을 토마토, 계란 삶은 것 흰자 정도로 가볍게 먹기
8. 튀김, 전 안 먹기

운동요법

1. 아침, 저녁 15분씩 스트레칭(학교 때 배운 맨손체조도 좋다)
2. 점심 식사 후 15분 정도 빠르게 걷기
3. 주말에 햇빛 보고 야외 운동하기

건강검진은 왜 하는가? 질병을 조기에 발견하여 합병증이 생기기 전에 치료하여 건강을 유지하기 위하여 하는 검사이다. 별다른 이상이 없는 상황이더라도 고혈압, 당뇨, 고지혈증, 각종 암

등 증상이 뚜렷하지 않은 질환을 조기에 발견하기 위해서 한다.

건강검진에서 이런 질병을 발견하면 각 질환에 맞는 전문의사를 찾아가서 본인에게 적합한 치료를 받는 것이 가장 이상적이다. 만일 위에서 소개한 송이 씨처럼 검진으로 발견된 문제를 해결하지 않고 확인하는 것으로 그친다면 건강검진을 할 이유가 없다. 더욱이 건강검진센터는 질병을 발견하더라도 직접 치료하지 않는다. 따라서 건강검진에서 "00 질환 의심 정밀검사 요망"이라는 결과를 받으면, 거주지 가까운 곳의 해당과 의사를 주치의로 삼고 치료와 상담을 꾸준히 하는 것이 가장 바람직하다.

많은 이들이 검진 결과 암 같은 중대한 질병이 나오지 않으면 안도의 한숨을 내쉰다. 그 외의 각종 '사소한' 질환 명이 나온 것에 대해서는 관대한(?) 마음을 갖는다. 각종 암을 방치하면 치료가 불가능할 정도로 전신에 퍼지는 것과 같이 고혈압, 고지혈증, 당뇨병도 치료하지 않고 방치하면 뇌졸중, 심근경색증 등 심각한 후유증을 남기는 합병증이 발생하게 된다. 그래서 검진을 받는 것만으로는 의미가 없다. 중요한 것은 그 이후에 어떤 대처를 하느냐이다.

2

종합검진 vs.
건강보험공단 검진

앞서 말한 것처럼 건강검진은 증상이 없지만 건강에 지장이 있는 질병에 걸릴 위험을 미리 찾아서 궁극적으로 건강을 유지할 수 있도록 하는 검사이다. 우리나라의 국민건강보험공단에서는 질병을 조기에 발견하고, 질병에 따른 요양급여를 하기 위하여 건강보험 가입자 및 피부양자에 대하여 2년에 1회 무료 건강 검진을 실시하고 있다.

건강보험공단에서 실시하는 검진은 1차 검진과 2차 검진, 생애 전환기 검진, 암 검진으로 나누어지는데, 다음과 같다.

■ 1차 검진

1차 검진은 체중, 키, 허리둘레, 시력 및 청력 검사, 구강검진, 혈압, 혈액검사, 소변검사, 흉부엑스레이 검사가 포함된다. 이 검사들을 통해 체질량지수, 혈당, 콜레스테롤 수치, 간 기능, 신장 기능, 폐 기능 등을 알아볼 수 있다.

• 체질량지수 : 몸무게와 키는 영양상태를 예측하기 위해서 측
정한다. 저체중이나 비만은 건강에 좋지 않다. 체중과 키를
이용하여 체질량지수를 계산한다. 몸무게(kg)를 키(m)의 제
곱으로 나누어서 얻는 수치를 체질량지수(Body mass in-
dex: BMI)라고 한다. 예를 들어서 키가 162cm이고 몸무게가
55kg인 사람의 체질량 지수는 20.96이다. 체질량 지수에 따
라서 저체중, 정상체중, 비만으로 분류한다. 우리나라 내분비
학회에서는 18.5 이하를 저체중, 18.5 이상 23 이하를 정상체
중, 23 이상 25 이하를 과체중, 25이상 30까지는 비만, 30 이
상은 고도 비만으로 분류하였다. 세계보건기구에서는 18.5
이하는 저체중으로 분류하는 것은 우리나라 내분비 학회와
같지만, 18.5에서 25까지 정상체중으로, 25 이상 30.5 미만은
과체중, 30.5 이상은 비만으로 분류한다. 즉 우리나라에서는
정상 체중의 범위를 더 좁게 잡고 있다.

체질량지수는 키에 따른 적정한 몸무게인지 알려주는 좋은
지표이긴 하지만, 몸에 근육이 많은지 지방이 많은지를 알
수 없는 단점이 있다. 체질량 지수가 많아도 근육이 많으면
건강하지만, 체질량 지수가 낮아도 근육이 부족하고 지방이
많다면 건강하지 못하다고 할 수 있다.

• 혈당 : 혈액검사에서 공복 혈당이 105mg/dL 이하이면 당뇨

병을 의심한다.

• 콜레스테롤 수치 : 혈액 내 지방의 농도가 높은 질환을 고지혈증이라고 한다. 고지혈증은 심혈관질환의 원인이 되는 중요한 질환이다. 고지혈증은 총콜레스테롤, LDL 콜레스테롤, HDL 콜레스테롤, 중성지방 등 4가지를 측정한다. 총콜레스테롤이 220mg/dL 이상이거나, LDL 콜레스테롤이 140mg/dL 이상, 중성지방이 140mg/dL 이상이면 고지혈증으로 진단한다. LDL과 중성지방을 간으로 운반해서 분해하도록 돕는 기능이 있는 HDL 콜레스테롤은 남성에서는 40mg/dL 이상, 여성에서는 50mg/dL 이상일 때 정상이다.

과거에는 고지혈증을 진단 기준에 맞추어서 엄격하게 치료하는 것을 원칙으로 하고, 고혈압, 당뇨병, 심근경색증이나 뇌졸중 등 심혈관질환이 있을 경우에는 진단 기준보다 더 낮은 수치라 해도 엄격하게 치료하도록 권유했다. 그러나 최근에는 고지혈증을 약물로 치료해서 진단 기준보다 낮은 농도로 유지해도 심혈관질환에 의한 사망률에는 변화가 없다는 연구가 발표되면서, 고지혈증의 치료 지침으로 숫자를 제시하지 않고 환자 상태에 따른 담당의사의 판단에 따르도록 권고하고 있다.

• 간 기능 : 간 효소 수치인 ALT(SGPT), AST(SGOT), 감마 GT 등을 측정한다.

• 신장 기능 : 크레아티닌(creatinine, 간과 췌장에서 합성되는 크레아틴의 분해산물), 요소질소(BUN, 단백질대사의 최종 산물로 신장에서 배설됨)의 농도와 사구체 여과율로 측정한다. 크레아티닌과 요소질소는 사구체 여과작용으로 몸 밖으로 배설되는데 신장의 기능이 나빠지면 두 물질의 혈중농도가 상승한다.

검진에서 사용하는 사구체여과율 계산법은 체중과 나이 그리고 혈청 크레아티닌 농도를 사용하여 컴퓨터로 계산하는 방법인데 1분에 120ml일 때 정상이다. 혈청 크레아티닌을 기준으로 계산하는 사구체여과율 계산법은 오차범위가 큰 편이기 때문에 신장질환이 없는 신장기능을 예측하는데 정확성이 떨어지는 편이다. 신사구체여과율은 나이가 들어감에 따라 감소한다. 혈액검사로 빈혈 유무를 검사한다, 소변 검사로는 단백뇨, 혈뇨 등 신장의 이상을 확인한다.

• 흉부엑스레이 검사 : 폐결핵이나 폐암 등 폐의 이상을 확인한다.

건강보험공단에서 시행하는 검사는 병원이나 의원에서 하는 검사들과 내용이 같고 정확성도 같다.

■ 2차 검진

1차 검진에서 이상이 발견된 사람들을 대상으로 일시적인 오류인지 아니면 진짜 문제인지를 확인하는 과정이다. 2차 검진에서도 이상이 확인되면 정밀 검진을 받으라는 권고를 하는데, 이때는 전문 의사를 찾아가서 이상의 원인을 찾아서 확인하고 치료를 하라는 뜻이다. 검진센터는 이상유무만 확인해 줄 뿐이고 이상의 원인을 밝히거나 문제를 해결하지는 않는다.

■ 생애전환기 검진

생애전환기 검진은 생애 주기에 맞춰 적절한 검진을 하고자 하는 목적이 있다. 만 40세와 만 66세의 건강보험가입자 및 의료급여수급권자가 대상이 되며, 1차와 2차로 나뉘어 실시된다. 만 40세는 성인병이 증가하는 시기이고, 66세부터는 노년층으로 신체기능이 감소하는 시기이다. 일반 건강검진은 1차에서 이상이 발견되면 2차로 넘어가지만 생애전환기 검진은 무조건 1, 2차를 다받는다(1차 검사 후 30일 이내 2차 검사)는 차이가 있다.

1차 검진은 건강검진, 구강검진, 암검진에 대한 문진표를 작성하고 신장, 체중, 허리둘레, 혈압, 시력과 청력, 구강검진, 흉부X-ray 촬영, 뇨검사, 혈액검사, 암검진, 골밀도검사, 노인신체기능검사(만

66세 여성) 등을 시행한다. 2차 건강진단은 1차 건강진단 결과를 확인하고 상담하면서 흡연, 음주, 운동, 영양 상태, 저체중, 비만 또는 복부비만, 빈혈, 위험음주, 운동부족, 고지혈증, 고혈압 등을 조사하여 이상이 있는 사람들을 대상으로 상담한다. 또 정신건강에 대한 문진을 해서 이상이 있는 환자에서는 우울증 검사와 인지기능에 이상여부도 검사한다(건강보험공단 홈페이지에서).

■ 암 검진

우리나라의 국민은 건강보험가입자와 의료급여수급자 모두 국가암조기검진사업을 통해 위암, 간암, 대장암, 유방암, 자궁경부암 등 다섯 가지의 암에 대한 검진을 무료로 받을 수 있다. 암 검진에서 암이 발견되었을 때 기본 암진료비의 95%를 건강보험에서 지원한다.

암 검진은 남녀 모두 만 40세부터 위암, 만 50세부터 대장암을 검사하는데 첫 검사 후 2년마다 시행한다. 위암은 엑스레이를 이용한 위조영술이나 위내시경 중 한 가지를 선택해서 할 수 있다. 대장암 검사는 대변에서 잠혈 반응을 검사한다. 잠혈이란 대변에 숨어있는 혈액의 흔적을 의미하는데 대장암이 있을 때 가장 먼저 나타나는 증상이다. 대변의 잠혈 반응은 고기를 먹어도 나타날 수 있기 때문에 대변 검사를 하기 전 3일 간 고기를 먹지 않고 하는 것이 좋다.

간암도 남녀 모두 만 40세에 검사를 시작하는데 만성 B형 혹은 C형 간염이 있거나 이런 바이러스를 보균하고 있는 사람에서 시행하고 1년마다 반복해서 검사한다. 여성에서 만 30세 이상에서는 자궁경부암, 만 40세 이상에서는 유방암을 검진하고 두 가지 모두 2년마다 반복해서 검사한다.

국민건강보험공단이 시행하는 건강검진은 질병이 없는 사람들에게서 숨어 있는 문제를 조기에 발견하고 해결해서 건강도 지키고 국가의 건강보험 재정도 효율적으로 운영하려는 목적을 갖고 있다. 건강보험료를 내고 있는 사람들뿐만 아니라 의료수급 대상자들이 받는 훌륭한 의료혜택일 뿐만 아니라, 질병을 조기에 발견해서 치료하면 환자의 삶의 질을 유지할 수 있는 좋은 제도이다.

기본적인 공단검진 만으로도 중요한 성인병과 암을 확인할 수 있는 제도를 가진 나라는 전 세계적으로도 그리 많지 않으니 감사한 일이다. 암 검진에 대해서는 Part 4에서 알아보기로 한다.

항목이 많을수록, 비쌀수록 좋다?

진료실에 찾아온 환자들에게 검진했는지 물으면 대개 이런 답이 돌아온다.

"아, 그거요? 했는데 뭐 믿을 수 있나요?"

무료로 하는 공단 검진을 신뢰하지 않는 사람들이 많다. 그래서일까. 아예 하지 않는 사람들도 꽤 있는 것 같다.

웬만한 직장에서는 공단 검진과 함께 몇 가지 항목을 더 포함시키는 종합 검진을 지원하는데, 이런 종합 검진이 대중화하면서 공단 검진에 대한 신뢰는 감소하는 것 같다. 종합검진은 공단 검진에서 시행하는 항목 이외에 위와 대장 내시경, 흉부와 복부 CT, 뇌 MRI와 MRA, 심장 관상동맥 CT, 전신 PET CT 등이 포함된다. 비용은 적게는 십여만 원부터 많게는 수백만 원까지 포함되는 항목에 따라 비용도 천차만별이다. 이렇게 많은 비용이 드는 종합검진은 과연 그만큼 값어치가 있을까.

건강검진은 건강한 사람이 숨어 있는 질병을 가지고 있는지 유무를 확인하는 방법이다. 따라서 검사 방법이 인체에는 해롭지 않고 진단에는 도움을 주는 것을 선택한다. 미국의 국립 보건원이나 영국과 호주 뉴질랜드의 국가 질병 관리국에서 권장하는 검진은 우리나라의 공단 검진과 유사하다. 질병이 의심되지 않은 상황에서 위와 대장 내시경, 흉부와 복부 CT, 뇌 MRI와 MRA, 심장 관상동맥 CT, 전신 PET CT 등을 질병이 있는 지를 확인할 목적으로 권장하지는 않는다.

대장 내시경은 우리나라에서 위내시경만큼이나 자주 시행하는 검사이다. 대변의 잠혈검사가 대장암을 진단하는 가장 쉬운 방법으로 알려져 있지만, 우리나라에서는 대장내시경을 선호한다. 대장내시경을 정확하게 하기 위해서는 대장에 있는 대변을 모두 씻어 내야 하기 때문에 설사제를 사용한다. 심한 설사는 노약자들에게는 탈수증을 유발할 수 있어서 주의를 요한다. 대장 내시경 검사 자체도 구부러지고 긴 대장을 카메라가 지나가야 하기 때문에, 장에 상처를 내는 장 천공의 위험이 적지만 존재한다.

대장의 용종을 발견하면 세포 검사를 하기 위해 용종을 제거하는 시술도 하는데 이 때 출혈과 장 천공의 위험이 있다. 영국의 위장질환 컨소시움과 미국의 암학회에서는 대장암을 확인하기 위한 검진으로 매해 대변의 잠혈 검사, 5년에 1회 직장경 검사, 5~10년 마다 대장의 조영 촬영을 권장하고 있다. 대장에서 용종이 발견된 경우에도 용종의 종류에 따라 3~10년에 1회 검사를 권장한다. 암으로 변할 확률이 높은 변형된 아데노마 형의 용종이 있거나, 1cm 이상 크기가 큰 경우 그리고 크기가 작아도 10개 이상인 경우에는 3년에 한 번을 권하지만, 용종이 한두 개 발견되었을 경우에는 5~10년에 한번 정도를 권한다.

그런데 우리나라는 매해 대장 내시경 검사를 받는 사람들이 늘어가고 있다. 각종 매체에서도 검진을 자주 받는 것이 좋다는 식으로 유도한다. 손쉽고 간단한 대변검사도 있는데 굳이 힘들고 번거로우며, 경우에 따라 위험할 수 있는 검사 방법을 별다른 이상 징후가 없는 사람이 할 필요는 없다. 나 역시 대장내시경 검사를 50대 중반에 처음 받았다.

믿었던 CT&MRI의 역습,
내 몸을 흔들다

CT는 컴퓨터 단층 촬영을 의미한다. 방사선을 이용해서 뇌, 흉부, 복부, 척추 등 질병이 의심되는 부위를 1mm에서 1cm까지 두께로 단면을 촬영한 후에 각 영상을 조합해서 단면 혹은 3차원 영상을 보여주는 방법이다. 촬영 부위에 따라서 사용하는 방사능의 양에 차이가 있지만 일반 엑스레이 촬영보다 더 많은 방사선에 노출된다. 방사선은 엑스레이 촬영에 이용하면서 진단의학에 기여했고 암을 제거하는 치료법으로도 사용되고 있다. 그러나 방사선은 세포의 유전자를 변형시키는 효과가 있기 때문에 세포를 손상시키고 암이 발생될 위험이 높아지는 단점도 있다.

대기 중에도 방사선 물질이 소량 존재하는데, 이걸 자연피폭이라고 한다. 우리나라에서는 1년 간 자연 피폭량을 3.0mSv(밀리시버트: 인체 흡수 방사능 에너지 단위)로 제한하고 있다.

국제 권유치는 1mSv이다. 흉부와 복부 CT의 경우 1회 촬영에 8~10mSv 정도에 노출되는데 이는 1년 간 자연 피폭량의 3배, 국제 기준의 8~10배에 해당한다.

이렇게 CT 촬영을 하면 방사선 피폭량이 많기 때문에, CT 촬영이 유방암과 갑상선암의 발병 원인이 된다는 연구 결과도 있다.

방사선 피폭량은 관상동맥 CT 조영술에서 16mSv이고, PET

CT(양전자 단층 촬영)는 가장 방사선 노출량이 많은 검사로 전신을 촬영할 경우에는 20~30 mSv로 매우 많다.

특히 고가검진일수록 방사선 피폭량이 증가하는데, 숙박검진(2~4일)의 경우 평균 방사선 피폭량이 24.08mSv이다. 이는 자연 방사선 피폭량(2.99mSv)의 8배에 달한다. 숙박검진 때 검사를 위해서 사용하는 방사선량에 노출되면 평생 암에 걸릴 확률이 인구 10만 명당 남자는 220.8명, 여자는 335.6명이다. 이는 고가 검사일수록 컴퓨터단층촬영이 많고 방사선량이 더 많은 PET-CT가 포함되기 때문이다.

CT 촬영의 또 다른 위험은 조영제이다. 조영제는 질병의 부위를 더 정확하게 보기 위해서 사용한다. CT에서 사용하는 조영제는 다른 방사선 검사에서 사용하는 조영제와 같이 요오드(Iodine)를 포함하고 있는데, 이 조영제에 과민 반응을 나타내는 사람들이 꽤 많다. 과민반응은 피부 발진, 심장 박동 증가부터 심한 호흡곤란, 쇼크 등 다양하게 나타난다. 또 신장기능이 약한 사람들에서는 신장 기능을 급격하게 악화시키는 경우도 있기 때문에 검사하기 전에 신장기능도 확인하는 것이 좋다.

MRI는 자기공명영상(MRI: Magnetic Resonance Imaging)을 뜻하는 말이다. 자장이 형성되어 있는 직경 50~60cm의 커다란 통으로 만든 자석 장치에 사람을 눕히고, 통 안으로 고주파(Radio Frequency Pulse)를 발생시켜서 사람의 세포에서 수소원자 핵에 대하여 나타나는 반응 신호를 모아서 MRI기계에 설치되어 있는 컴퓨터로 계산해서, 인체의 모든 부분을 단면 또는 3차원 영상으로 보여 주는 기계이다. 정상과 다른 영상이 나올 때 질병을 확인할 수 있다. MRA는 MRI 방법으로 혈관을 보여주는 영상이다. 목표하는 혈관에 흐르는 혈액의 움직임을 영상으로 보여주어서 혈관이 좁아지거나, 막히거나, 터진 곳을 확인할 수 있다.

MRI나 MRA는 방사선에 노출될 위험이 없이 정밀한 검진이 가능한 이로운 검사 방법이지만, 강한 자기장(자석에 의한 힘) 때문에 심장박동기 시술, 신경자극기 시술, 인공와우관 시술 혹은 동맥류가 있어서 묶는 시술을 한 경우나 몸속에서 금속으로 시술한 경우에는 사용할 수 없다.

MRI와 MRA 검사에서도 조영제를 사용한다. 이 조영제는 갈도니움이라는 특수물질을 포함하고 있는데, 부작용과 과민 반응이 나타날 수 있다. 두통, 메스꺼움 주사 부위의 통증이나 열감 혹은 냉감이 생길 수 있고, 드물게 아낙필라시스성 쇼크(알레르기 반응의 일종으로 급성 호흡 장애, 심한 저혈압 등 치명적인 증상이 발생하는 현상)도 발생한다. 또 일부 환자에서는 피부가 딱딱하게 변하는 경화성 피부염도 보고되어 있다.

종합검진은 이렇게 기본적인 공단 검진에 특수 검사들을 더한 검진이다. 흉부와 복부 CT, 뇌 MRI와 MRA, 심장 관상동맥 CT, 전신 PET CT가 질병의 조기 발견에 도움이 된다는 객관적인 증거는 아직 부족하다.

반면에 검사에 따른 부작용은 객관적으로 예측이 가능하다. 그렇다면 과연 고가의 종합 검진은 꼭 필요할까? 내가 내과 레지던트로 수련을 받고 있을 때, 어느 선생님께서 내가 검사한 항목이 왜 필요한지를 질문하셨다. 검사를 해야 했던 이유를 제대로 답하지 못하자 이런 말을 들려주셨다.

"의사가 진단에 어떻게 도움이 될지 예측하지 못하고 의뢰하는 검사는 일종의 직무 유기이고, 더 심하게 말하면 도둑질이다.

환자가 불필요한 비용을 지불하게 되었다."

이 말씀이 생생하게 기억이 난다. 왜 필요한지는 모르고, 비싼 돈을 내고 거기다가 몸에 해롭기까지 하다면 종합검진이 꼭 필요한 것인지 다시 한 번 생각해 봐야 한다.

관상동맥 질환, 수술만이 살길인가?

"아따 두 번도 말 안하데요. 심장마비 올 수 있으니 빨리 입원해서 수술하라고 합디다. 아무 증상도 없는데 꼭 해야 한가요?"

구수한 전라도 사투리를 쓰는 신필수 씨(가명)는 건장한 체격의 50대 남성이다. 그는 3개월 전에 고혈압과 당뇨병이 확인되어서 약물치료를 하고 있었는데, 한 달 전에 종합검진을 했다. 고혈압과 당뇨병도 있으니까 이왕이면 심장병이나 뇌혈관질환까지 모두 알 수 있다는 고가의 종합 검진을 했다. 필수 씨가 한 종합검진에는 심장관상동맥CT 혈관조영(이하 관상동맥 CT) 검사가 포함되어 있었다. 이 관상동맥 CT에서 3개의 관상동맥 중 1개가 70% 정도 막혔다는 진단을 받은 것이다. 다른 경우를 함께 보자.

"6개월 전부터 심장의 관상동맥에 스텐트 수술을 하라는 말을 들었어요. 수술 안하고 지금까지 버텼는데 아무 증상도 없었어요. 6개월 만에 재검사를 받았는데, 관상동맥에 스텐트 수술이 필요하다는 결과가 같네요. 증상이 없어서 수술을 하기는 싫고, 의사가 하라는데 안하자니 불안하고, 어떻게 하면 좋을까요?"

최병식 씨(가명)가 하소연하듯이 이야기했다. 대기업의 임원인 60대 남성 병식 씨는 평소에 고혈압이나 당뇨병 등 아무 질환이 없었는데, 6개월 전에 회사에서 제공하는 종합 검진을 받았다.

검진의 기본항목 이외에 제공되는 몇 가지 특수검사 중에서, 중년 이후에 발생한다는 심근경색증 가능성을 알아볼 수 있는 관상동맥 CT를 선택했다. 그 검사에서 관상동맥 3개 중 1개가 50~70% 막혔다는 진단을 받았다.

필수 씨와 병식 씨 모두 우리 병원에서 시행한 심전도 검사가 정상이었고 대학병원에서 가져온 종합검진 결과지에도 심전도 검사는 정상이라고 표시되어 있었다.

심장의 관상동맥에 질환이 있을 때 팔이나 다리의 동맥에 관을 넣고 심장의 관상동맥에 직접 조영제를 넣어 막힌 부위를 확인하는 시술을 관상동맥 조영술이라고 부른다. 이 검사에서 70% 이상 막힌 것이 확인되면, 환자가 협심증의 증상을 호소하지 않아도 수술하는 기준이 된다. 환자가 협심증의 증상을 확실히 호소할 때는 관상동맥이 막힌정도가 70% 이하라도 수술하는 경우가 있다.

관상동맥 CT는 관상동맥 조영술처럼 팔이나 다리에 있는 동맥에 직접 관을 넣고 조영술을 하지 않지만, 정맥으로 조영제를 주사하면서 CT를 이용하여 관상동맥의 상태를 보는 검사이므로 검사가 편리하고 관상동맥이 좁아진 것을 확인할 수 있다.

그러나 관상동맥 CT에서 이상 소견이 나와도 운동부하 심전도 검사, 심장 근육의 상태를 확인하는 신티그램, 심장 초음파검사 등 부수적인 검사를 시행해서 관상동맥이 막힌 것을 확인하여 수술여부를 결정하는 것이 원칙이다. 그러나 필수 씨와 병식 씨에게 협심증을 의심할 만한 증상이 있는지 여러 번 확인했지만 없다고 했고, 운동부하 심전도 검사도 한 적이 없다고 했다.

관상동맥 CT검사에 대해서 스탠포드대학교 순환기내과에서 마크 흘랏키(Mark A. Hlatky) 박사가 시행한 연구가 2011년 미국의학협회 저널(JAMA)에 발표되었다(미국의학회지 2011. 306: 2128-2136). 그는 관상동맥 CT를 받으면 관상동맥 스텐트를 넣거나 관상동맥재건술 같은 침습적 수술을 받는 확률이 일반 진단법보다 약 2배 높으며 총 의료비도 비싸다고 했다. 이는 2005년부터 2008년에 심장관상동맥을 조영술을 제외한 비교적 위험하지 않은 심장 검사를 받은 65세 이상의 의료보호 대상자 28만 2,830명의 데이터를 분석한 연구이다. 연구 코호트 평균나이는 73.6세, 46%가 남성, 89%가 백인이었다. 가장 많이 실시된 검사는 심장 근육의 상태를 방사선물질을 이용하여 확인하는 심근신티그래피였고, 심초음파검사, 운동부하심전도검사, 관상동맥 CT가 그 뒤를 이었다.

자료를 검토한 결과, 관상동맥 CT를 받은 환자에서는 진단 후에 관상동맥에 스텐트 삽입이나 관상동맥재건술을 받는 확률이 운동 부하 심전도 검사를 받은 환자의 약 2배로 많았다. 또 심근신티그래피를 한 환자에 비해서도 관상동맥 CT를 시행한 후 관상동맥 조영술을 받을 확률이 약 2배에 가까웠고, 관상동맥 스텐트 삽입이나 관상동맥 재건술을 시행할 확률은 약 2.5배였다.

그러나 어떤 검사와 치료를 했든지 전체 사망률은 차이가 없었다.

관상동맥 CT는 관상동맥의 이상을 검출하는데 매우 좋은 검사이지만, 과잉진단과 잠재적인 과잉 치료로 이어질 우려가 있기 때문에, 미국 심장학회의 진료 가이드라인에 따르면 관상동맥 질환이 의심되면 운동부하 검사를 해서 관상동맥 CT 결과가 임상 증상과 일치하는지 확인해야 한다. 운동부하 심전도 검사, 신티그램 등의 결과를 종합해서 평가 결과가 관상동맥 폐색이 의심되면 관상동맥을 막고 있는 플라크의 크기와 위치를 확인하기 위해 팔이나 다리의 동맥에 관을 넣어서 직접 심장의 관상동맥에 조영제를 주사하면서 확인하는 관상동맥 조영술이 일반적이다.

필수 씨와 병식 씨는 모두 증상이 전혀 없고, 심전도 검사도 정상이었다. 또 운동부하 심전도 검사나, 신티그램도 시행하지 않았다. 따라서 관상동맥 CT에서 확인된 관상동맥질환이 수술이 필요한 질환인지 알기 위해서 보충 검사가 필요하다. 동맥이 막히는 원인인 동맥경화증은 빠르면 20대부터 시작되어서 40~50대에는 동맥경화증이 전혀 없는 사람을 찾아보기 어려울 정도로 흔하다. 이런 동맥경화증이 있다고 누구나 다 수술을 하지는 않는다.

환자의 상태에 따라서 꼭 필요한 검사를 모두 시행하고 결과를 분석해서 수술이 필요하다고 판단될 때만 시행해야 한다.

가슴에 쥐어짜는 듯한 통증이나 답답함 등 협심증의 증상이 없는 사람에게서 심장의 관상동맥 질환을 진단하는 것은 쉽지 않다. 정밀 진단을 위해서는 팔이나 다리에 있는 동맥의 관을 넣어서 직접 심장의 관상동맥을 확인하는 관상동맥 조영술을 해야 하는데, 출혈이나 세균 감염 등 시술로 인한 합병증이 발생할 수 있고, 방사선 조사량이 많아서 환자와 검사하는 의사 모두에게 안전하지 않다. 또 동맥을 절개하는 검사이기 때문에 검사 전후에 반드시 병원에 입원해야 하기 때문에 시간과 비용이 많이 든다.

최근에 미국에서는 다기능 심장검사법(multifunctional cardiogram)이 개발되어 관상동맥질환을 진단하는 방법으로 사용되고 있다. 이 검사는 심전도 검사와 같이 심장에서 보내는 전기신호를 분석해서 심장의 관상동맥 상태와 심장근육의 건강상태를 측정한다. 심전도 검사에서 사용하는 전극을 몸에 붙이고 심장에서 나오는 신호를 기록한 다음, 이 기록을 미국에 있는 데이터센터로 전송하면 데이터센터에서는 이 신호를 분석해서 결과를 수치로 나타낸다. 결과값이 4 이상일 경우에 관상동맥 질환이 있을 확률이 90%이다(Int J Med Science 2009, 6:143-155).

앞으로 우리나라에서도 이 검사법이 가능하게 되어서 관상동맥 시술에 대해서 좀 더 신중하게 결정할 수 있기를 기대한다. 우리 병원에서 시범으로 시행한 MCG 검사에서 필수 씨는 평균 2.5, 병식 씨는 0으로 확인되어서 수술을 연기하기로 하였고, 동맥경화증의 진행을 막는 약물치료를 하면서 대학병원에서 운동부하 심전도 검사를 포함한 정기적인 검사를 하기로 했다.

3

특진교수 뛰어넘는
동네의사 활용하기

"선생님, 나 그냥 여기서 치료할래요."

1년 만에 우리 병원을 방문한 한성진 씨(가명)는 70대 남성이다. 5년 전부터 고혈압이 있어서 나에게 치료받던 환자인데, 1년 전에 당뇨병을 새로 진단받은 후에 가족들이 원해서 대학병원으로 전원했다. 처음에는 당뇨병 때문에 대학병원 내분비과에서 검사하고 약물 치료를 시작했는데, 고혈압 약을 복용하고 있었다는 것을 확인한 내분비 전문의가 심장내과에 의뢰해서 고혈압 약을 심장내과에서 처방을 받아서 복용하고 있었다.

한 3개월 후에 허리가 아파서 내분비과 의사에게 아픈 증상을 이야기했더니 정형외과에 의뢰했고, 척추강직증으로 진단받은 후에는 내분비과, 심장내과, 정형외과 등 세 과를 다녔는데 최근에는 소변에서 단백질이 발견되어서 당뇨병에 의한 신장 질환이 의심된다고 신장내과에서도 진료하고 처방을 받고 있었다.

환자는 한 번 병원에 가면 4개 과를 모두 진료 받을 수 있는 날도 있지만, 그렇지 못할 때가 더 많아서 병원 방문이 많아졌다.

더구나 진료받고 검사라도 하려면 혈액검사실, 방사선 검사실, 초음파 검사실 등 멀리 떨어져 있는 검사실을 찾아다니는 것도 힘이 들었다. 4개 과에서 진료받고 치료약을 처방받았더니 복용하는 약의 숫자도 8개로 늘었다.

"몸이 안 좋아져도 예약 날짜가 아니면 의사선생님과 연락하기가 어려워요. 그뿐인가요? 뭐 궁금해서 한 가지 물어 보려면, 내 뒤에 자기 차례 오기를 목 빼고 기다리는 사람들이 눈에 밟혀서 시간을 끌면서 뭘 물어 볼 수도 없어요. 그냥 선생님 병원 다니다가 문제 있으면 그때 대학병원으로 보내주시면 안될까요?"

대학병원 쏠림현상, 과잉진료 유발한다

'한 시간 대기, 1분 진료'는 의사들의 너무 짧은 진료시간 때문에 불만이 많은 환자들의 심정을 대변하는 말일 것이다. 이는 일부 바쁜 대학병원의 경우이다. 현재 우리나라는 대학병원 쏠림현상이 매우 심하다. 소위 '빅 5 대학병원'이라는 서울대학교 부속 병원, 신촌 세브란스 병원, 서울 삼성병원, 서울 성모병원 그리고 서울 아산 병원으로 환자들이 몰리고 있다.

건강보험공단의 자료에 의하면 2001년부터 2013년까지 요양

기관 종별 진료비 증가율의 경우, '빅 5' 등 상급종합병원은 매년 10~11%, 요양병원은 연평균 55.6% 각각 상승했지만, 1차 의료기관인 의원급의 연평균 증가율은 겨우 5.1%에 그쳤다. 진료비 증가율도 보면 빅 5 병원이 264% 증가했지만, 의원급은 불과 37.1%의 증가에 머물렀다.

이렇게 특정 병원으로 환자가 몰리게 되면 그 병원에서 근무하는 의사나 간호사와 같은 의료인력의 업무량이 많아지기 때문에 충분한 시간을 할애하면서 환자를 파악하기 보다는 검사 결과에 의거해서 진단하고 치료할 수밖에 없다. 그 결과 양질의 진료를 받기 위해서 시간과 비용을 감수하고서라도 대학병원을 찾은 환자들은 짧은 진료시간에 불만이 생긴다.

또 하나 중요한 사실은 의료진들은 대학병원까지 찾아온 환자들에게 심각한 문제가 있을 것이라는 가정 하에, 웬만한 검사를 다 실시하게 된다는 점이다. 가령 복통이 있는 환자라면, 아마 동네 병원에서 해결하지 못하는 문제가 있어서 대학병원까지 왔을 것이라는 가정을 하고 더 심각한 질환이 있는지 찾게 되는 것이다. 환자가 많은 진료와 검사비를 부담한 각종 검사 끝에 단순한 장염으로 진단되는 등의 해프닝이 비일비재하다. 당연히 건강보험공단에서도 더 많은 비용을 지출하게 된다. 대학병원은 대학병원대로 중차대한 질환자를 볼 시간에 경미한 질환을 치료하게 되는 것이니 집중도가 떨어질 수밖에 없다.

환자들의 대학병원 쏠림 현상은 이처럼 환자, 대학병원, 건강보험공단 모두의 피해를 낳는다. 또 이렇게 건강보험 공단의 재정이 낭비되면 이는 고스란히 모든 국민이 건강보험료 인상이라는 피해를 입게 된다. 혹시 대학병원에 입원해서 "이왕 입원했는데 지금 입원한 질병 말고 다른 문제는 없는지 다 검사해 주세요."라고 한 적은 없는가? 바로 이런 것이 과잉진료이다. 이렇게 건강보험 재정이 새어 나가면 건강보험료를 올려야 한다는 논란이 계속 생길 수밖에 없다. 전 국민 건강 보험을 실시하고 있는 영국과 스웨덴을 비롯한 유럽 국가들이나 호주, 뉴질랜드 그리고 캐나다에서는 1차 진료를 담당하는 의사들이 꼭 필요하다고 판단했을 때만 대학병원을 비롯한 상급 병원에 입원해서 치료받을 수 있다.

　　대학병원이나 상급 의료기관들도 국가에서 예산을 받아서 병원을 운영하기 때문에 꼭 필요한 검사나 치료 이외에는 더 이상할 수 없다. 환자는 가까운 곳에 주치의와 쉽게 의논할 수 있어서 좋고, 상급 의료기관에서는 1차 병원에서 치료할 수 없는 중한 질환에만 집중하기 때문에 인력이나 시설의 낭비를 최소로 줄일 수 있어서 좋다.

　　국가에서 운영하는 건강보험제도가 이제서 걸음마를 시작한 미국에서 의료보험은 사보험을 의미하는데 1차 진료 의사의 판단에 따라서 대학병원이나 상급병원에서 치료가 필요할 때는 전원하기 전에 먼저 보험회사에서 타당성을 확인해야 보험료가 집행된다. 이런 과정을 거쳐서 상급 병원에서 치료한 다음에는 즉시 1차 의료기관의 담당의사한테로 돌아가서 진료를 받게 된다.

다수의 환자 몰리는 대학병원, 감염성 질환에 취약

"밤에 열이 나서 대학병원 응급실에 갔는데, 응급실에 얼마나 사람이 많은지 오히려 병이 옮을까봐 다시 여기로 왔어요."

조현희 씨(가명)는 주말 밤에 열이 심해서 집에서 가까운 대학병원 응급실에 갔다. 겨울에 독감이 유행하던 시기였는데 응급실에 열나고 기침하는 환자가 많이 있는 것을 보고 독감에 감염이 될까봐 걱정이 되었던 것이다. 본래 현희 씨는 응급실에 가기 전날인 금요일에 열이 나고 목이 아파서 우리 병원을 찾아왔고, 급성 편도선염으로 진단받고 치료약을 가지고 귀가했다. 편도선의 염증이 꽤 심해서 해열제를 넉넉히 처방하였고, 열이 나면 해열제를 더 먹어도 된다고 알려 주었지만 밤에 고열이 나니까 수액 주사라도 맞으면 증상이 나아질 것으로 생각하고 대학병원 응급실에 간 것이다. 급성 편도선염은 항생제를 잘 써도 1~2일은 고열과 몸살이 심할 수 있다. 현희 씨도 3일째부터 열이 떨어지고 증상도 좋아졌다.

현희 씨가 응급실에서 독감에 감염이 될 것 같다고 생각한 것은 의학적으로도 타당한 걱정이다. 병원 감염이라는 용어가 있다. 병원에서 균에 감염되었다는 뜻인데, 항생제에 잘 듣지 않는 고약한 감염이라는 뜻도 있다. 강한 항생제를 사용해도 죽지 않고 살아남은 변종 세균일 가능성이 많기 때문이다.

신종플루나 사스와 같은 인플루엔자 독감이나 중동호흡기증후군(메르스)과 같이 바이러스 질환은 주로 호흡기를 통해서 감염이 된다. 사람의 몸에서 침이나 호흡을 할 때 떨어져 나온 바이러스는 공기 중에서는 오랫동안 살지 못한다. 그래서 거리에서는 이런 바이러스 질환에 감염될 가능성이 적다. 그렇지만 밀폐된 공간인 방이나 자동차 안에 이런 바이러스에 감염된 사람이 있어서 자꾸만 기침을 한다면 공간 안에 바이러스의 숫자가 늘어나고 같은 공간에서 머물고 있는 사람에게 바이러스가 전염될 가능성이 많다.

또 이런 바이러스나 세균은 손을 통해서 직접 옮겨지기도 한다. 병원에서 많은 환자를 보는 의료진의 손을 통해서 전파될 가능성도 있다. 따라서 바이러스나 세균과 같이 유행성 질환이 돌고 있을 때에는 꼭 필요한 경우를 제외하고 환자가 많은 대형병원은 피하는 것이 좋다. 검사나 치료에 소요되는 시간이 길어서 전염성 질환에 노출될 기회가 많다.

대형병원에는 환자뿐만 아니라 가족이나 방문객도 많기 때문에 전염성 질환의 감염 경로를 추적하기가 힘들 때가 많다. 환자가 몰려 있는 응급실이나, 입원실 출입을 삼가는 것이 좋다.

대형 병원에 비해서 개인병원은 상대적으로 환자의 수가 비교할 수 없이 적고 환자가 아닌 가족이나 방문객도 드물기 때문에 전염성 질환에 노출될 위험이 적기 때문에 유리하다.

내 말에 귀 기울여주는
친구 같은 동네의사

환자는 여러 가지 증상을 가지고 병원에 찾아온다. 이런 증상들이 해결되어야 좋은 치료를 받았다고 느끼고 의사를 신뢰하게 된다. 환자가 표현하는 증상에 귀 기울이지 않고 질병에만 집중하면 환자의 질병은 고칠 수 있지만, 환자의 마음을 사지 못한다. 환자를 진료하면서 정보를 제대로 얻지 못하다 보니 많은 검사를 시행하게 되는 것이고 검사 결과에 집착하게 되는 것이다. 그러나 환자의 증상과 진찰 소견을 종합해서 여러가지 검사를 했지만 진단에 필요한 검사 결과를 얻지 못하는 경우도 많다. 이럴 때는 검사를 남발하고도 만족스럽지 않은 결과를 초래한다.

또한 의료현장에서 문진, 촉진, 시진, 청진이 사라져가고 있다. 문진은 환자가 호소하는 증상과 병력을 듣고 진단하는 것이고 촉진은 환자의 몸을 만져 진단하는 것이고, 시진은 환자를 관찰함으로써 진단하는 것, 청진은 맥박이나 심장박동 등 몸 안에서 나는 소리를 들음으로써 진단하는 것을 말한다. 워낙 진단기계들이 많이 발달하였기 때문에 진단기계를 많이 사용하기도 하지만, 기계도 포착하지 못하는 정보를 주는 것이 문진, 촉진, 시진, 청진이지만 시간이 오래 걸린다. 그래서 1분이 아쉬운 곳에서는 활용하기 어려울 수밖에 없다.

동네의사는 먼 곳에 떨어진 대학병원 의사보다는 자주 만날 수 있다. 자주 만나면서 문진, 촉진, 시진, 청진을 통해 나에 대한 정보를 촘촘하게 축적할 수 있다. 나의 호소에 귀 기울여 주고 꼼꼼히 진찰해주기 때문에 신뢰할 수 있다. 환자가 의사를 신뢰하게 되면 치료결과도 향상될 수 있다.

의사가 환자의 호소에 귀 기울이지 않고 검사결과에만 집중하면 환자와 의사 사이의 신뢰가 생길 수 없고, 이 경우 환자는 여러 병원을 전전하며 의견을 구하게 된다. 이는 적절한 치료시기를 놓치게 하고, 중복검사 때문에 의료보험 재정을 낭비하는 결과를 초래한다.

의학이 순수과학이 아닌 것은 과학적인 결과가 각 환자에서는 다른 임상 증상을 나타낼 수 있기 때문이다. 환자의 증상과 진찰 결과 그리고 과학적인 검사 결과를 종합해야 정답이 나오는 오묘한 학문이다. 환자에 집중하고 환자의 말을 경청하는 명의가 많이 나오길 기대한다.

짧은 시간 동안 많은 환자를 보면서 각종 첨단 의료 장비를 이용할 수 있는 대학병원에서는 상대적으로 환자의 호소를 들어 주고 공감할 수 있는 시간이 짧을 수밖에 없다. 짧은 시간 안에 정확한 진단을 하려면 사람과 관계를 맺는 것보다는 기계를 통해서 얻는 진단 자료가 더 유용하다.

반면에 개인의원에서는 상대적으로 첨단 기계를 갖추어 놓기 어렵기 때문에 환자들의 증상과 진찰에서 더 많은 정보를 얻을 수밖에 없다. 또 대부분의 개업의들은 같은 자리에서 5년, 10년 이상 오랜 기간 근무한다. 따라서 동네 가까운 병원을 정해두고 꾸준히 그 병원을 다니면서 의사와 소통하여 나의 기본 건강 상태, 생활습관 등을 알려주고 증상에 대한 조언을 구하는 것이 필요하다. 이것이 낯선 대학병원을 헤매는 것보다 환자에게 더 좋다.

4

건강검진
100배 활용하기

건강검진으로 식이요법과 꾸준히 운동해야 하는 이유를 알게 된 후에 이걸 진짜로 실천하는 사람이 얼마나 될까? 또 꾸준히 운동하고 식이요법을 하면 과연 얼마나 건강을 개선하는 효과가 있을까?

영국의 웨일즈 지방의 소도시인 케어필리에 거주하는 성인을 대상으로 영국질병관리 본부에서 시행하는 건강관리 프로그램의 일환으로 정기적인 설문조사를 했다. 처음 연구를 시작할 당시에 45~59세 사이의 남성 2,512명을 35년 간 관찰했더니, 식이요법과 운동을 꾸준히 지킨 사람들은 그렇지 못한 사람들과 비교해서 당뇨병 발병은 76% 감소했고, 심장병 발병은 60% 감소했으며, 심장병이 발생한 연령도 평균 6년 이상 늦었다. 또 치매의 발생도 40% 감소했는데, 평균 12년 정도 치매 발생 시기가 늦어졌다. 35년이라는 장기간 동안 추적해서 꾸준한 식이요법과 운동이 건강을 유지하는데 확실하게 효과가 있음을 증명했다.

건강한 식생활은 하루에 2~3컵에 해당하는 과일과 채소를 섭취(여기서 한 컵은 부피로 약 200cc에 해당하는 양을 의미한다) 하고, 튀김이나 당분을 첨가한 음료수, 동물성 기름은 섭취를 자제하면서 현미와 같은 통곡식과 기름이 적은 고기, 달걀, 생선과 같은 양질의 단백질과 들기름, 올리브기름과 같은 식물성 기름 그리고 약간의 견과류를 골고루 먹는 것이다. 담배는 확실하게 끊고, 술은 1회 음주 시에 알코올 함량 4% 미만의 맥주는 400cc, 7% 맥주는 240cc, 13~15%인 와인이나 정종은 120cc, 40%가 넘는 양주나 독주는 30cc로 제한하고 1주일에 3번 미만을 권장한다. 체중은 정상 체중이나 약간의 과체중이 바람직하고, 운동은 하루에 한 시간 정도 빠르게 걷기나 가벼운 근육강화 운동이 가장 좋다.

말로는 이렇게 쉽지만, 실제로 실천하기는 쉽지 않다. 과연 얼마나 많은 사람이 지켰을까? 4년마다 점검한 케어필리 조사에서는 이런 건강수칙을 꾸준히 실천한 사람들은 놀랍게도 30명(전체의 1.2%)에 불과했다. 좋은 습관을 평생 지키기가 얼마나 어려운지 보여주는 결과이다. 알아도 실천하지 않으면 소용이 없다.

건강보험공단에서 제공하는 검진을 하거나 비싼 비용을 지불하고 종합검진을 해도 문제점을 인지하고 개선하지 않으면 소용이 없다. 평생 건강을 위해서는 건강을 위한 실천이 필요하고 이렇게 실천하기 위해서는 스스로 하고자 하는 의지가 있어야 한다.

100세 이후까지 건강한 건강관리법

1. 건강보험 공단에서 제공하는 건강검진은 반드시 받는다.
2. 건강검진 결과를 받으면 즉시 이상 소견을 확인한다.
3. 이상 소견을 확인하면 전문의사의 진료가 필요한 부분은 반드시 의사의 진료를 받고 향 후 치료 계획을 세우고 실천한다.
4. 100세까지 산다고 가정했을 때 현재 나이에서 10년 단위로 자신의 건강 상태를 예측해서 가장 좋을 때와 가장 나쁠 때를 예측해 본다. 가장 좋게 유지하기 위한 생활 수칙을 정한다.
5. 현재의 건강검진 결과에서 다음번에 할 건강검진 때까지 개선할 생활 목표를 세운다.
6. 이렇게 건강상태가 개선되려면 당장 실천해야 할 것이 무엇인지 확인하고 오늘부터 실천할 계획을 세우고 실천한다.
7. 가능하면 가족이나 친한 친구 혹은 직장 동료와 같이 계획을 세워서 서로 격려한다.
8. 고혈압, 당뇨병, 고지혈증, 심장 질환, 신장 질환, 간질환 등 만성 질환을 치료하고 있다면 건강보험에서 제공하는 기본 검진을 하고, 기존 질병과 연관이 있는 정밀검사는 주치의와 의논해서 1년에 1~2번 필요에 따라서 검사한다. 질병이 있을 때에는 의사의 소견과 검사 결과를 종합 분석해야 가장 정확한 진단과 치료방법을 선택할 수 있다.

5

종합검진,
다른 나라는 어떨까?

건강검진은 질병의 발생을 방지하거나 이미 발생한 질병의 진행을 막거나, 합병증 발생을 억제해서 국민의 건강을 증진시켜서 개인의 삶의 질을 개선하고 국가의 인력을 관리하는 목적으로 시행한다. 또 여기에는 질병을 조기에 발견해서 치료하면 합병증까지 발생했을 때보다 치료비를 절감할 수 있다는 장점도 건강검진을 시행하는 중요한 목적이다.

■ 미국

우리나라에서는 국민 모두를 대상으로 하고 국가에서 운영하는 건강보험은 미국에는 아직 없다. 2014년에 미국에서 처음 시행하기로 결정한 오바마케어(ObamaCare)가 미국에서 처음으로 시도하는 국가에서 운영하는 건강보험제도이다. '오바마케어'를 시작하면서 국민 건강을 위해서 시행하는 예방적인 진료와 검사를 제안했다. 그 중 성인에 해당하는 검사를 요약하면 다음과 같다.

	남성	여성
대동맥류	65세~75세 흡연자	
빈혈		임신부
혈압	전연령	전연령
유방촬영		40세 이후 1~2년에 1회
자궁경부암		성적으로 활발한 나이
고지혈증 : 혈액검사	35세 이상	심장질환이 있거나 심장질환에 위험인자가 있을 때
대장암 : 잠혈검사	50세 이상	50세 이상
2형 당뇨병 : 혈액검사	혈압이 높을 때	혈압이 높을 때
에이즈 검사	15~65세	15~65세
비만 검사	전 연령	전 연령
골다공증 검사		60세 이상

■ 캐나다

캐나다에서는 우리나라와 같은 건강검진은 없지만, 1차 진료 기관의 의사들이 매년 예방진료 체크리스트 폼을 이용하여 검진과 같은 역할을 한다(Canadian Family Physician Vol 54: january 84-88, 2008). 허리둘레, 허리둘레와 엉덩이 둘레의 비율, 50세 이상인 성인에서 대장 내시경은 10년에 1회, 에이즈 혈액검사, B형 간염 혈액검사, 고혈압이 있거나 고지혈증이 있는 사람들은 혈당 검사, 65세 이상 여성에서 골밀도 검사기를 이용한 골다공증 검사 등이 포함되어 있고, 우울증에 대한 설문 조사, 갱년기 여성에서 호르몬 보충요법을 해야 하는지 혹은 골다공증의 합병증으로 발생하는 골절을 방지하기 위하여 비타민 D3와 칼슘을 처방할 지 등에 대한 검진이 포함되어 있다.

■ 영국

캐나다와 비슷한 건강보험 제도를 시행하고 있는 영국에서는 2009년부터 국립건강 보험에서 40~74세의 성인 남녀를 대상으로 당뇨병, 심장병, 신장병, 뇌졸중, 치매를 진단하는 건강검진을 시행한다. 이는 이미 알려진 질병을 가진 환자를 제외하고 질병이 없는 정상인만을 대상으로 시행한다. 이는 중복 검사에 의한 비용을 절약하고, 이미 질병이 있는 사람들은 예방 목적의 검진이 아니라 전문의에 의한 진료가 필요하기 때문이다. 우리나라에서도 국민 건강검진을 시행하는 대상을 질병이 없는 사람으로 국한하는 것을 고려해 볼 필요가 있다.

■ 스웨덴

스웨덴에서는 건강보험에서 시행하는 건강검진은 없고 각 직장에서 시행하는 건강 검진은 있는데, 이는 각 직장이 노조와 합의해서 꼭 필요한 항목을 결정하는데 대부분 우리나라의 건강보험공단에서 시행하는 검진과 검사 항목이 비슷하다. 대부분 혈액검사, 소변 검사, 심전도 검사 그리고 흉부 엑스레이 등이 포함된다.

나에게는 이케아의 한국 지사에서 고위직으로 근무하는 스웨덴 친구가 있는데, 이 친구와 남편은 작년 여름에 우리나라에서 혈액 검사, 소변 검사, 심전도 검사, 흉부 엑스레이 검사, 위 내시경 검사, 복부 초음파 검사를 포함한 건강검진을 했는데 "생애에 가장 고급스러운 건강검진을 해 봤다."고 했다. 이 친구 부부의 건강 검진에 대장 내시경 검사와 CT 검사 혹은 MRI검사는 포함되지 않았다.

영국, 스웨덴, 캐나다는 모두 국가의 건강보험제도가 잘 마련되어 있어서 전 국민 누구나 의료혜택을 받을 수 있고, 특수한 경우를 제외하고는 환자가 부담하는 비용이 없다. 우리나라와 같은 전 국민을 대상으로 한 건강검진은 시행하지 않지만, 1차 진료 기관의 의사가 시행하거나(캐나다), 중년 이후에 검진(영국)의 형태로 건강관리를 하고 있다.

건강 검진은 현재 질병이 없는 환자에서 숨어있는 질병을 찾아내기 위해서 시행하는 검사이다. 기본 검사 이외에 초음파, CT, MRI 등 특수 검사는 포함되지 않는다. 이런 특수 검사는 질병이 의심되고 검사가 적절한 치료를 선택하는 데 꼭 필요할 경우에만 시행하는 것이 옳다. 외국의 경우를 고려해서 현재 시행하는 국민건강보험공단에서 제공하는 검진 외에 갖가지 첨단 장비를 동원하는 종합검진이 꼭 필요한지 다시 한 번 생각해 볼 필요가 있다.

6

병원,
종합검진하는 진짜 이유

　다소 불편한 이야기를 해볼까 한다. 우리나라에서 종합검진이 크게 유행하는 이유가 무엇일까? 현재의 건강보험 체계로는 대학병원이나 종합병원과 같은 대형 병원에서부터 개인의원까지 모든 의료기관의 수익을 창출하기에 우리나라의 건강보험에서 지정하는 의료수가가 너무 낮기 때문이다.

　우리나라의 의료기관은 비영리기관으로 지정되어 있지만 실상은 병원이나 의사에서 일하는 의료진을 비롯한 인건비와 건물 유지비 등 다양한 비용을 충당하려면 충분한 수입이 필요한 것은 자명한 사실이다. 건강보험에서 지정하는 진료비 만을 받을 경우에 인건비를 비롯한 병원 운영비를 충분히 얻기 어렵기 때문에 건강보험에 제한을 받지 않는 검진 프로그램이 매력이 있는 수입원이 된다.

　우리나라의 건강보험은 질병을 치유하는데 목적을 두고 있고, 질병을 예방하는 목적의 의료 활동은 건강보험 수가로 감독을 받지 않는다. 이런 이유로 병원 업계가 건강 검진을 유치하는 치열한 경쟁을 벌이고 있다. 특히 대기업에서는 건강보험 검진에 다른 검사들을 포함시키는 종합검진을 기업의 임직원의 복리 증진 프로그램으로 운영하고 있기 때문에 1인당 적게는 수만 원에서 수십만 원 때로는 수백만 원에 달하는 고급 종합 검진을 수백 명에서 최대 수십만 명이 받을 수도 있는 것이다. 이러한 기업의 건강검진 시장은 병원으로서는 안정적으로 막대한 수익을 낼 수 있는 보기 드문 사업이다. 최근까지도 병원들이 검진수익을 늘리기 위해 건강검진센터를 확장하거나 새로 문을 열고 있다.

이런 종합검진사업에는 우리나라의 의학계를 이끌어 나가면서 젊은 의사들을 양성해갈 책무가 있는 대학병원들과 국공립병원도 예외가 아니다. 중소 종합병원과 개인 의원 그리고 검진만을 하는 검진센터까지, 복지부에 따르면 전국의 검진기관은 현재 1,000곳에 이른다. 의학 연구와 다른 중한 환자치료에 집중해야 할 서울대병원은 2013년 전체 의료수익 8,277억 원의 6.9%인 575억 원을 검진에서 올렸다.

여기서 한가지 집고 넘어갈 것이 있다. 이렇게 유명한 대학병원에서 검진할 때 위내시경 검사, 대장 내시경 검사 혹은 초음파 검사는 대학병원의 교수들이 직접할까? 비싼 돈을 내고 검진하는 사람들의 기대와는 다르게 검진에서는 내시경 검사는 검진만하는 계약의사가 하고 초음파 검사는 숙달된 방사선 기사가 하는 기관도 많다.

이렇게 검진기관이 늘어나고 검진기관 사이에 경쟁이 심해지면서 검진의 가격이 내려갈 뿐만 아니라 CT(컴퓨터단층촬영)나 MRI(자기공명영상장치)까지 검진상품에 무료로 포함시키는 곳도 있다. 다시 말하면 필요하지 않는 검사가 포함되어 있어서 불필요하게 방사선에 피폭되는 경우도 많다.

이렇게 종합검진이 많아지면서 부실 검진이나 오진도 많아지는데, 한국소비자원에 따르면 2010년 1월부터 2013년 10월까지 접수된 피해구제 108건에서 '오진·진단 지연' 관련 피해가 70건(64.8%)으로 가장 많았다. '검사 부주의'는 15건(13.9%), '검사 결과 통보 오류'는 11건(10.2%)으로 나타났다. 심지어는 건강검진에서 말기암을 발견해내지 못한 사례도 있다. 의료기기의 정확도와 의료진의 진료 수준이 전반적으로 향상됐지만, 검사가 많은 만큼 오진 사례도 늘고 있다.

검진이 환자의 건강을 먼저 생각하는 검진이 아니고 병원의 수익을 창출하기 위한 수단이라면 그 검진을 신뢰해도 될까?

선택은 여러분의 몫이다. 기업 검진이 진짜 임직원의 복지를 위한 것이라면 현재 지출하는 검진 비용이 건강을 지키기 위해서 꼭 필요한 것인지, 이런 검진 이외에 더 의미 있게 증진할 복지는 없는지 심각하게 고려할 필요가 있다.

PART 3

의사가
필요없는
건강관리

1

수입산 먹거리&설탕에서
빠져나와라

우리나라 국민들은 건강 염려증이 많다. 이를 반영하듯이 방송이나 신문 같은 매체에서는 건강에 관련된 정보가 쏟아진다. 음식을 적게 먹는 소식부터, 육류를 멀리하는 채식이 좋다, 블루베리가 좋다, 연어가 좋다 등 많은 정보가 떠다닌다. 난데없이 퀴노아나 렌틸콩 등 우리나라에서는 생산되지 않는 식물들까지 건강에 좋다는 말에 많은 사람들이 관심을 가지고 있다.

앞서 서술한 것처럼 우리 몸은 어느 특정한 음식을 먹어서 더 건강해질 수 없고, 건강검진으로 우리 몸에 생기는 모든 문제를 찾아서 해결할 수도 없다. 우리들이 섭취한 모든 음식물들은 소화되고 각종 영양소로 변해서 우리 몸에서 사용된다. 당분과 지방은 우리 몸이 숨쉬고, 소화시키고, 생각하고 또 육체 활동을 하는데 필요한 에너지로 쓰이는 성분이고, 단백질은 근육과 장기를 만드는 재료이고, 지방도 세포를 구성하는 중요한 성분이다. 또 세포들이 제 기능을 하고 재생되기 위해서 꼭 필요한 영양소인 비타민이나 미네랄 등은 당, 단백질, 지방보다는 양이 적지만 꼭 필요하기 때문에 미량영양소라고 한다.

이런 갖가지 영양소들은 우리 몸에 들어오면 모두 같이 조화를 이루면서 사용되는데, 어느 한 가지가 너무 많아도 안 되고 너무 적어도 안 된다. 모든 영양소가 꼭 필요한 만큼 평형 상태를 유지해야 건강이 유지된다.

바다 건너온 먹을거리의 '빈틈'

소비자들의 의식수준이 향상되면서 '푸드마일리지(food mil-lege)'에 대한 관심이 높다. 푸드마일리지란 식자재의 원산지에서 소비자의 식탁에 오르기까지의 이동거리를 말한다.

"유기농 커피도 100% 유기농이라고 할 수 없다. 우리가 유기농으로 재배하고 자연 방식으로 건조시켜서 보내도, 한국에 도착한 컨테이너의 내부를 보면 곰팡이가 발견되는 경우가 꽤 있다. 이 점은 우리가 관리할 수 있는 능력 밖이다."

코스타리카에서 유기농 커피 농장을 운영하는 미국 친구가 한 말이다. 식재료의 이동 거리가 멀어지면, 이동하는 시간 동안 부패하지 않도록 냉동, 화학처리하거나 혹은 찌거나 튀기는 등 여러 과정을 거친다. 이렇게 여러 과정을 거치는 동안 식재료 본래의 장점이 줄어들고, 배나 비행기에 실려서 오는 동안에도 각종 세균, 곰팡이균 혹은 바이러스 등에 오염될 가능성이 있다.

"우리 것이 좋은 것이여."

지금은 고인이 된 명창이 어느 식품 광고를 하며 나온 문구이다. 우리나라 사람에게는 우리나라에서 자란 식품이 가장 좋다는 뜻이다. 최근에는 외국뿐만 아니라 우리나라에서도 도시 농부가 근교에서 재배한 싱싱한 농산물이 인기를 끌고 있다.

퀴노아, 아로니아, 아사이 베리, 렌틸콩 등 이름도 생소한 식품들은 얼마나 멀리서 우리나라까지 왔을까? 오는 동안에는 어떤 일이 있었을까? 유기농이나 내추럴이란 설명이 붙어 있더라도 한국까지 먼 거리를 오면서 상하지 않기 위해서 과정을 거쳤는지? 일반 컨테이너 혹은 냉동 컨테이너 그리고 한국에서 저장되어 있는 동안 보관 상태는 어떨까? 우려되는 점이 참 많다.

퀴노아는 우리나라의 기장쌀과 비슷한 종류이고 아로니아, 아사이베리와 같은 블루베리 종류는 우리나라의 오미자, 산수유열매, 복분자 등 열매와 비슷하고, 렌틸콩은 녹두와 비슷하다.

우리나라에서 재배되는 식품들도 좋은 것들이 많은데 서구의 식품이 더 사랑받는 이유는, 우리나라 것보다 서구의 것에 대한 연구결과가 더 많기 때문에 우수한 것처럼 알려진 것은 아닐까 하는 생각이 든다.

어디서 어떤 공정을 거쳐서 왔는지 알 수 없는 음식을 비싸게 찾아서 먹는 것보다는 우리 땅에서 가능한 자연에 가깝게 재배한 식품을 골고루 먹는 것이 건강에 가장 좋다. 우리나라에서 수천 년 간 자라나서 우리 체질에 맞는 음식이기 때문이다. 건강한 땅에서 자란 우리 음식을 골고루 먹는 것이 가장 건강에 좋다.

성인병의 주범, 설탕

내가 초등학교에 다닐 때 콜라나 사이다는 흔히 마실 수 있는 음료수가 아니었다. 일반 시장에서 살 수 있는 물건도 아니었다. 소풍을 가기 전날에 양키물건 장사(미군부대 식품을 사다가 파는 곳)에서 엄마가 코카콜라와 약간의 과자와 초콜릿을 사오시면 곡선이 아름다운 병에 붉은 글씨로 물결치듯이 써 있는 상표가 한없이 매력적으로 보였다. 한 모금 마시면 달콤하고 코끝과 혀에 톡 쏘는 느낌에 기분이 좋았다. 그러다가 국산 콜라와 사이다가 출시되면서 이 두 가지는 소풍하면 반드시 가지고 가야 할 필수품이 되었다. 그 당시에는 아버지 회사에서 추석 선물로 설탕을 보내던 시절이었고, 여름에 손님이 집에 오시면 냉수에 설탕을 타서 대접했을 만큼 설탕, 단맛은 귀했다. 그렇게 귀하던 콜라가 이젠 편의점과 대형마트, 거리나 건물에 비치된 자동판매기 등에서 손쉽게 사먹을 수 있다. 콜라와 사이다뿐이랴. 알록달록 예쁘게 포장된 음료수의 종류는 또 얼마나 많은가?

우리나라에는 동물성 지방이 많은 서구식 식단이 성인병의 주범이라고 하면서 기름기 많은 고기를 먹지 않는 것이 성인병 예방에 도움이 된다는 인식이 널리 퍼져 있다. 미국이나 세계보건기구에서도 보통체격의 성인에서 하루에 콜레스테롤 섭취를 70그램 이하로 줄이고 계란의 노른자, 새우, 게 등에도 콜레스테롤이 많으니까 많이 먹지 말라는 권유를 했다. 이는 전문가인 의사나 영양학자뿐만 아니라 일반인들에게도 바꾸지 못할 상식으로 알려져 왔다.

일부에서 지나친 주장이라는 반발이 있었지만 받아들여지지 않고 30년 이상 지켜지던 상식이 최근에 무너지고 있다. 미국의 심장학회, 내분비학회 그리고 영양학회에서 계란 노른자, 새우, 게 등은 혈액 안에 콜레스테롤을 올리는데 큰 영향을 미치지 않고, 오히려 비타민 A, D, E의 공급원이고 좋은 콜레스테롤인 HDL 콜레스테롤 그리고 레시틴이 풍부해서 심혈관 질환을 방지하는 효과가 있다고 발표하였다. 미국에서 20세기 초부터 꾸준히 당뇨병, 심혈관질환, 대사이상증후군 등 성인 질환이 증가하고 있다. 이런 성인병의 원인을 동물성 지방으로 지목하고 있었지만, 실제로 이 기간동안 미국의 식단에서 동물성 지방의 섭취는 증가하지 않았고 오히려 줄어든 상황이었다. 그렇다면 성인질환의 원인이 무엇이란 말인가?

미국인의 식단에서 가장 소비가 많이 늘어난 식품은 설탕이다.

미국인이 한 해에 소비하는 설탕은 약 31kg에 달한다.

"미국에서 심장의 관상동맥 질환, 2형 당뇨병, 대사이상 증후군 등 성인병과 관련된 의료비 지출의 30~40%는 설탕이 원인이다." (미국 순환기학회지 2009. 120: 1011-1020)

미국 정도는 아니지만 우리나라도 못지않다. 우리나라의 한 해 설탕 소비량은 약 26kg이다. 모든 달콤한 음료수, 과자, 케이크, 떡 등에 포함된 설탕이 여기에 해당한다. 우리나라에서는 매실청, 오미자청, 산야초 엑기스 등 건강식으로 알려져 있지만, 이들은 모두 과일이나 야채와 설탕은 1:1로 섞어서 발효시킨 음식이다. 발효시킨다고 해도 달콤한 맛이 남아 있다면 아직 설탕 성분이 많이 남아있어서 설탕물을 마시는 것과 같다. 또 떡은 탄수화물이 대부분이고 설탕이 많이 들어 있는 간식거리이다. 이런 음료나 간식뿐만이 아니라 우리나라 음식이 점점 달아지고 있다. 떡볶이, 불고기, 갈비찜, 비빔국수 등 설탕이 들어가는 음식은 많고도 많다. 1960년대에는 설이나 추석 때 설탕구매권이 단골 선물일 만큼 귀했던 설탕이 이제는 건강을 해치는 주 원인으로 등장했다. 세계 보건기구에서는 설탕 섭취를 하루에 25g으로 제한하도록 권장하고 있다. 이는 1년에 9kg이다.

설탕이 나쁠까? 인공 감미료가 나쁠까?

미국 성인은 하루에 섭취하는 총 칼로리 중에서 설탕으로 섭취하는 비율이 13%이고 우리나라에서는 이보다는 적지만 비슷할 것으로 생각한다. 세계보건기구는 설탕 섭취량을 하루 총 열량의 10% 미만으로 줄이도록 권장하고 있다. 런던대학교에서는 전체 열량의 3% 미만으로 설탕 섭취를 줄이도록 권고하고 있다. 3% 미만은 하루에 섭취하는 설탕의 양을 각설탕 5~6개 미만으로 줄이는 것이다. 콜라 1병에는 각설탕 7개, 믹스 커피 1봉에는 최소 각설탕 1.5개가 포함되어 있다.

설탕은 포도당 분자가 2개 결합한 이당체인데, 설탕만이 단맛

1901년부터 2005년까지 미국의 1인당 당분 소비

(modified from online statbooks.com)

을 내는 효과가 있는 것은 아니다. 2014년 7월 23일에 발행된 타임지에서는 1970년과 현재에는 설탕 소비는 13% 감소한 반면 과당은 80배 이상, 옥수수에서 추출한 콘 시럽은 2배 증가했다.

콘 시럽은 과당과 맥아당이 각각 한 개씩 결합한 이당체인데, 액상과당은 콘 시럽의 성분 중 과당의 비중을 높여서 단맛이 설탕의 2배 정도로 강하고 점성도가 높은 액체다.

설탕을 먹으면 소장에서 흡수되어서 혈당이 올라간다. 혈당이 올라가면 췌장에서 인슐린이 분비되어서 혈당을 조절하게 되고, 이와 동시에 장에서 렙틴이라는 식욕억제 호르몬이 분비되고 동시에 식욕을 자극하는 호르몬이 그렐린의 분비가 줄어든다. 이런 이유로 단 음식을 먹으면 포만감이 생기면서 밥맛이 없어지게 된다.

과당은 흡수되어도 인슐린의 분비를 촉진하지 못하고 식욕억제 호르몬도 작용할 수 없어서 계속 음식을 먹게 된다. 또 설탕이나 과당을 필요 이상으로 많이 우리 몸이 먹으면 지방으로 축적되는데, 과당이 설탕보다 지방 축적 효과가 3배 이상 많다. 또 과당이 소장에서 혈액으로 흡수되지 못하고 대장까지 가면 대장에 거주하는 박테리아가 과당을 분해하는데 이 경우에는 복부 팽만감, 장 움직임 장애, 설사 등이 발생하기 쉽다.

드물지만 과당 분해효소(aldolase B)가 없는 사람들도 있어서 과당이 포함된 음료수나 간식을 먹은 후에 장 증상이 심하게 발생할 수 있다.

설탕 대신에 단맛을 내는 인공 감미료들이 있다. 아스파탐이라는 물질은 설탕의 200배 정도의 단맛을 내기 때문에 소량으로 단맛을 낼 수 있고 혈당을 올리는 효과가 없다. 아스파탐은 콜라를 비롯한 다이어트 음료에 사용되고 있다. 사카린과 슈크릴로스 등도 설탕을 대신하는 인공 감미료로 사용되는 물질들이다.

이런 인공 감미료는 안전할까? 이스라엘의 와이즈만 연구소에서 실험용 쥐에게 아스파탐, 슈크릴로스 혹은 아스파탐을 먹인 쥐와 설탕을 먹인 쥐를 비교해보니 인공 감미료를 먹은 쥐에서 당불내인성이 발생했다. 당불내인성은 당뇨병이 발생하기 전 단계로 혈당을 조절하는 인슐린은 분비되지만 혈당을 조절하는 능력이 약한 것을 의미한다. 흥미롭게도 인공감미료를 먹은 동물들의 분변에서 장내 세균이 없는 동물들이 발견되었고, 이렇게 장내 세균이 없는 쥐에서 특히 혈당이 상승하고 포도당 분해 장애가 있는 것이 확인되었다. 같은 연구자들은 성인 7명을 대상으로 7일 간 인공 감미료를 먹게 했더니 이 중 4명에서 혈당이 올라가고 장내 세균분포에 이상이 있는 것을 확인했다.

따라서 건강을 지키는 가장 좋은 방법은 단맛을 탐닉하는 버릇을 고치는 것이다. 당분은 뇌세포를 안정시키고 행복 호르몬인 세로토닌의 분비를 촉진시키는 효과가 있어서 스트레스가 있거나 걱정거리가 있을 때 혹은 과로했을 때 단맛을 찾게 된다.

아주 어릴 때부터 설탕을 넣지 않은 천연 단맛을 즐길 수 있도록 하는 것이 중요하고 성인에서도 1주일만 단맛을 참으면 그 다음부터는 단맛을 찾지 않게 된다.

2

내 몸을 찌르는 칼,
'감정'

"애들 앞에서도 입에 담지 못하는 욕설을 듣고 머리채를 잡히면 죽고 싶어요. 이젠 애들도 나를 무시하는 것 같고 왜 사는지 모르겠어요."

박희영 씨(가명)는 내가 대학 병원에서 근무할 때부터 나에게 고혈압과 당뇨병을 치료받고 있는 40대 후반 여성이다. 2년 전부터 초기 치매로 진단받고 대학병원에서 치매 약을 처방받아서 복용하고 있었다.

평소에 말수가 적고 행동이 조심스러운 희영 씨는 그날따라 아주 불안한 표정이었다. 편안히 말을 할 수 있도록 배려하자 예상하지 못한 고백을 듣게 되었다. 사업을 하는 희영 씨의 남편은 신혼 초부터 희영 씨에게 언어와 신체 폭력을 휘둘렀는데, 5년 전에 사업에 실패하고 경제적인 어려움을 겪게 되면서 폭력이 더심해졌다. 남편의 폭력이 심해지면서 희영 씨는 점차 감정을 표시하거나 말로 표시하는 것이 어렵게 되었다.

스트레스 지속, 체내 면역기능 저하

감정이나 의사를 제대로 표현하지 못하면 우리의 뇌는 이런 상태를 심각한 스트레스로 인지한다. 뇌에서 스트레스를 감지하면 실시간으로 부신으로 사인을 보낸다. 부신은 신장 위에 고깔모자처럼 붙어 있는 작은 기관으로, 뇌로부터 신호를 받으면 스트레스 호르몬 3총사를 즉각 만들어 낸다. 코티솔, 에피네프린, 노르에피네프린이 그것이다.

이 세 가지 호르몬이 가장 먼저 도달하는 곳은 바로 붙어 있는 신장이다. 에피네프린, 노르에피네프린은 신장에서 혈압을 올리고, 심장 박동을 강화하고 소금기와 물을 몸 안에 축적하는 등 신장 내에 있는 다른 신경전달 물질들이 작용하도록 독려한다.

이런 연쇄반응은 혈압을 올리고, 심장이 빠르게 뛰는 증상을 발생시킨다. 코티솔은 면역반응을 억제하고, 혈당을 올리고, 체지방을 증가시키는 등 다양한 기능을 한다.

그렇기 때문에 스트레스를 많이 받으면 감기, 헤르페스 포진, 대상포진 등 감염성 질환에 시달릴 위험성이 높아진다. 스트레스 상태가 장기간 지속되면 스트레스에 의해서 발생하는 '활성산소'라는 노폐물질이 세포의 재생을 방해하고, 손상된 세포가 치유되지 못해서 각종 암의 발생 위험이 높아진다. 여러 가지 임상 연구에서 이를 뒷받침하는 결과가 발표되고 있다.

감정을 숨기고 표현하지 못하는 사람들이 그렇지 않은 사람들과 비교하여 사망할 확률이 높다. 미국의 로체스터 대학 연구팀은 1996년부터 2006년까지 12년 간 성인 729명을 대상으로 사망원인을 조사했다. 12년 간 사망한 사람은 11명이었고, 사망 원인은 심근경색증과 같은 심혈관 질환이 이중 37명, 암은 34명, 나머지는 기타 원인이었다. 이들의 감정억제 정도를 가장 적은 사람들부터 가장 많은 사람들까지 네 그룹으로 나누어서 상위 그룹과 하위 그룹을 비교했더니, 상위 그룹이 전체 사망은 35%, 심혈관 질환이나 암에 의한 사망은 70%나 많았다(채프만 등, 정신신체의학 연구 학회지 2013. 76: 381-385).

표현해야 할 감정이나 의사를 숨기고 억제하면 우리 뇌에서는 또 한 가지 중요한 일이 벌어진다. 바로 행복 호르몬인 세로토닌의 분비가 감소한다. 세로토닌은 뇌세포의 발달에 꼭 필요한 물질이고 뇌세포들 사이에 통신회로를 활발하게 유지하기 위해서 필요하다. 뇌세포들 사이에 통신회로가 활발해야 뇌기능이 좋다.

또한 세로토닌이 부족하면 우울한 감정을 느끼고, 부정적인 생각을 많이 하게 되며, 집중력, 창의력 그리고 자발적인 동기의식 등이 부족하게 되고 학업이나 업무 수행을 잘 하지 못한다.

많은 이들이 건강을 유지하기 위해 영양제를 구입하고 검진을 받는 등 비용을 투자한다. 건강에 관심을 갖고 유지하기 위해서 노력하는 것은 필요하다. 그러나 정말 중요한 것은, 그에 앞서 우리가 일상생활을 영위하면서 원활한 감정표현을 할 수 있어야 한다는 것이다. 감정을 억누르는 것은 건강에 심각한 위해가 될 뿐 아니라 그 자신의 행복감도 저해한다. 타인의 눈치에 구애받지 말고 느끼는 대로 솔직담백하게 표현하고자 하는 노력이 필요하다.

남이 나를 대하는 태도에 부당함을 느낀다면 당당하게 그 점을 말할 수 있어야 한다. 내 감정을 다른 이들에게 지혜롭게 표현하는 것이야말로 내 몸 건강을 위해 반드시 알아야 하는 기술이다.

우리는 어느 누구가 아닌 우리 자신의 행복을 위해 살아가는 것이다. 내가 행복해야 다른 이들의 행복도 지켜줄 수 있음을 잊지 말아야 한다.

3

술 권하는
사회를 바꾸자

내가 대학생 때에 아버지를 따라서 아버지 회사의 여름 여행에 동행한 적이 있다. 이 여행에서 어른들께서 맥주를 마셨는데, 여름 바다가 좋아서였는지 아버지께서 나에게도 한 모금 마셔 보라고 권하셨다. 호기심으로 한 모금 마셨더니 아버지께서 "맥주가 시원하니? 쓰니?"하고 물으셨다. 내가 "시원해요."라고 대답을 했더니 아버지께서 웃으시면서 "그럼 나중에 술을 마실 줄 알겠구나." 하셨다. 그 때 옆에 계시던 아버지 동료께서는 "아빠 닮았으면 술 좀 하겠지."하시면서 웃으셨다. 과연 술을 마시는 것은 유전에 따라 다를까? 유전에 따라 어떤 사람은 술이 맛있고 어떤 사람은 술이 쓸까?

음주도 유전 된다

실제로 미국에서 술 맛을 느끼는 감각과 연간 마시는 술의 양에 차이가 있는지를 연구했다. 연구팀은 혀에서 쓴 맛을 인식하는 혀의 감각기관에 존재하는 유전자 25개를 확인해서 그 중에서 술과 관련된 유전자인 'TAS2R38'을 연구했다. TAS2R38 유전자는 쓴맛에 민감한 유전자이다. 이 유전자를 부친에서 1개, 모친에서 1개 받아서 2개가 존재하는 사람, 양친 중 한 쪽에서만 받아서 1개만 존재하는 사람, 양친 모두 유전자가 없어서 한 개도 없는 사람으로 분류해서 술 맛에 대한 반응을 비교했다. 건강한 유럽계 남녀 93명을 대상으로 알코올 도수 16도인 술을 한 모금 입에 물었다가 뱉은 후 면봉에 알코올 50도의 술을 적신 후 쓴 맛을 감지하는 혀 뒤쪽에 댔을 때를 살펴보았다.

TAS2R38 유전자를 가지고 있는 사람들은 술에 있는 에탄올에 민감하게 반응하여 술이 쓰다고 느끼기 때문에 음주를 즐기지 않는다. TAS2R38 유전자 두 개를 다 가지고 있는 사람들이 술의 쓴맛에 가장 민감하고, 한 개만 가지고 있는 사람들도 비교적 민감하다. 그러나 이 유전자를 전혀 가지고 있지 않은 사람들은 술의 쓴맛을 못 느끼기 때문에 술이 술술 들어간다. 따라서 연간 알콜 소비량도 가장 많다(Alcoholism, clinical and experimental research 28 (11): 1629-1637). 이 연구 덕분에 왜 술꾼들은 술이 달다고 하고 술을 잘 못하는 사람들은 술이 쓰다고 하는지가 과학적으로 증명되었다.

술과 밀접한 관계가 있는 유전자가 또 한 가지 있다. 술이 몸에 흡수되면 간에 존재하는 '알코올 탈수 효소'에 의해서 분해된다. 알코올 탈수 효소가 많을수록 술을 많이 마시게 된다. 다시 말하면 술을 마셔도 쉽게 분해되어서 술을 마신 티가 잘 나지 않아서 더 많은 양의 술을 마실 가능성이 많다.

TAS2R38 유전자나 알코올 탈수효소는 술로 자극한다고 더 많이 생기는 것이 아니다. 술을 자주 마실수록 술이 는다고 하는 것은 이들 유전자나 효소가 많아지는 것이 아니라, 술에 의해서 생기는 증상인 얼굴이 붉어지거나 속이 거북하거나 발음이 부정확하거나 정신이 몽롱해지는 증상에 대한 스스로의 관용이 많아지는 결과이다. 또한 우리나라의 사회 환경이 음주에 관대하여 술 취한 사람의 주정을 용인하는 분위기라, 술에 의한 이상 증상에 겁내지 않고 더 많은 술을 마시게 된다. 우리나라는 심지어 음주를 하고 저지르는 범죄에 대해서 형량을 감해주는 제도까지 가지고 있었다.

과음은 당뇨병을 악화시키고, 심장근육을 약하게 하고, 뇌신경을 손상시키는 등 다양한 건강 상에 문제를 일으킨다. 또 알코올은 순수 탄수화물이고 복부 지방을 증가시키는 주범이다. 유전적으로 술이 쓰지 않은 사람이나, 술을 잘 분해하는 사람들이라도 음주를 자제하는 것이 건강에 좋다.

참고로 밝히자면 나는 아버지 친구분의 기대와는 달리 술을 못한다. 술을 조금 마시면 취하기도 전에 심장의 박동이 빨라지고 간혹은 부정맥도 생기기 때문에 술을 거의 마시지 않는다.

이 책을 쓰고 있을 때 어느 음주운전자에 대한 보도가 화제가 되었다. 만취상태에서 자신의 여자친구를 운전석에 함께 동승한 채 운전하다가 적발된 것이다. 그는 경찰의 면허 취소로 생계가 곤란해졌다며 소송을 제기했다고 한다. 그의 생계를 위협한 건 면허 취소가 아니라 음주를 한 후 운전대를 잡은 그 사람이다.

음주, 특히 자신의 주량 이상으로 술을 마시는 것은 정말 백해무익하다. 자신의 건강을 해칠 뿐 아니라 타인의 안녕을 위협하는 행위로까지 발전될 수 있기 때문에 더욱 그렇다.

오늘날 많은 젊은이들이 자신의 건강이 걱정된다며 다이어트 음료를 마시고 각종 운동을 하는데 비용을 투자한다. 물론 좋다. 그런데 먼저 술부터 끊기 바란다.

4

내 몸에
'과체중'을 허하라

비만이 고혈압, 당뇨, 고지혈증의 원인이고, 심혈관 질환이 발생하는 위험을 높인다고 알려지면서 비만은 건강의 적으로 인식되고 있다. 이런 이유로 세계보건기구는 비만을 치료해야 할 질병으로 간주하기도 한다.

비만이 미용적 측면뿐 아니라 건강적으로도 문제가 되는 것은 사실이다. 그러나 유독 우리 사회는 '살'에 민감하다. 개그 프로그램에서 뚱뚱한 사람을 희화화하는 코너가 지속적으로 나오고 온갖 다이어트 식품과 기구가 팔리는 것을 보면 살은 공공의 적임에 틀림이 없다. 여기서 질문을 던져보겠다. 당신은 자신이 뚱뚱하다고 생각하는가? 또한 비만의 기준을 정확하게 알고 있는가?

우리가 몰랐던 체질량지수의 진실

내 몸이 비만한지 아닌지를 파악할 수 있는 일반적인 지표로

체질량지수 = 체중(kg) ÷ 신장(m)의 제곱

ex) 신장 160cm, 체중 55kg일 때

160cm = 1.6m
1.6 × 1.6 = 2.56
55 ÷ 2.56 = 21.48 ☞ 체질량지수

체질량지수를 많이 거론한다. 체질량지수(Body Mass Index: BMI)는 신장과 체중의 비율을 통한 체중의 객관적 지수로, 사람의 체지방량과 상관관계가 크다고 알려져 있다.

체질량지수는 나라마다, 동양권-서양권에 따라 조금씩 기준이 다르다. 아래 표에서 보는 바와 같이 우리나라 대한비만학회는 정상체중을 18.5~22.9, 23~24.9는 과체중, 25~29.9는 비만, 30 이상은 고도비만으로 분류한다. 대한비만학회에서 정한 정상 체중의 범위인 체질량지수 18.5~22.9는 세계보건기구(WHO)에서 제시한 정상체중 20~24.9와 비교하여 낮고, 미국 질병관리본부의 기준인 18.5~24.9보다도 낮다.

이렇게 우리나라는 정상 체중의 범위를 하향으로 좁게 제시한 결과 23만 넘어도 비만이라고 인식하는 사람들이 더 많아진 것 같다. 23~25까지도 과체중이라고 진단하고 있어서 실제로 건강검진에서 체질량지수가 23~25인 사람들이 체중을 줄이겠다고 애기하는 것이 흔하다.

2007년부터 2010년까지 국민건강영양조사에 참여한 25~69세 저체중(BMI 18.5kg/m² 이하) 성인남녀 690명을 분석한 결과 여성은 10명 중 4명(25.4%), 남성은 10명 중 1명(8.1%)이 최근 1년간 체중조절을 시도한 적이 있었다(인제대학교 서울백병원 조사). 그 중 저체중에도 불구하고 자신이 비만이라고 생각하는 남성이 4.3%인데 반해, 저체중 여성 4명 중 1명인 25.6%가 자신이 비만이라고 생각하고 있었다. 이러한 인식은 건강에 나쁜 영향을 미칠 수 있어 걱정스럽다.

체질량지수에 따른 체중 진단 비교(세계보건기구)

	저체중	정상체중	과체중	비만	고도비만
대한내분비학회	<18.5	18.5~22.9	23~24.9	25~29.9	>30
세계보건기구	<20	20~24.9	25~29.9	25~30.0	>30.0

체질량지수에 대해서는 여러 가지 이견이 있다. 2002년 세계보건기구는 주로 싱가폴 사람들을 대상으로 한 연구 결과를 토대로 동양인과 서양인의 체형 차이와 비만 유병률을 고려해서 아시아-태평양 지역에 대해 서양권과 다른 비만의 분류체계를 제시하였다. 그러나 2004년에 대만, 홍콩, 한국, 중국, 인도네시아, 태국 그리고 일본의 자료를 취합해서 분석한 결과 동양인과 서양

인의 차이를 둘 필요가 없다고 확인하였다(란셋, 2004, 363:157-164). 따라서 우리나라의 정상체중 상한 값 22.9를 세계보건 기구의 기준인 24.9로 상향 조절하는 것이 바람직하다. 또 정상 체중의 범위를 벗어난 사람들에게 일괄적으로 체중 몇 킬로그램 감량이 필요하다는 숫자를 제시하는 것이 건강에 오히려 나쁠 수 있다. 체질량 지수가 높아도 근육량이 많으면 더 건강하다는 증거일 수 있다.

2005년 유럽심장학회지에는 심장질환자들의 체질량 지수와 생존률에 대한 연구 결과가 발표되었다(유럽 심장학회지 2005, 26: 58-64). 심장의 기능 장애인 심부전증 때문에 입원했던 환자 4,700명의 의료기록을 5~8년 간 추적 조사해서 체질량지수와 사망률의 관계를 알아보았더니, 환자들의 사망률은 체중이 많을수

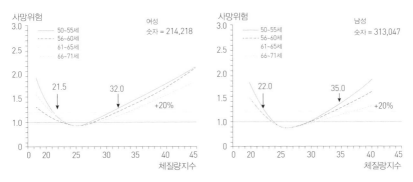

55세 이상 미국 성인의 체질량지수에 따른 사망률 차이(미국 내과학회지 2014. 127: 547-553)
정상체중인 사람들의 사망 위험을 1이라고 봤을 때 그래프에 보이는 바와 같이 체질량 지수가 21.5부터 32사이에 있는 사람들이 사망율이 낮고 특히 체질량지수 25일 때 가장 낮다.

록 낮았다. 환자들을 체질량지수를 기본으로 저체중, 정상체중, 과체중, 비만 등 4군으로 구분했을 때, 정상 체중인 사람들과 비교해서 과체중인 사람들은 사망할 확률이 19% 낮았고, 비만인 사람들은 40% 낮았다. 미국의 연구에서도 같은 결과가 발표되었다(미국 심장학회지대 2001;38:789-795.).

여러 종류의 임상연구 중에서 같은 종류의 연구를 모두 모아서 종합적으로 분석하는 방법을 '메타분석'이라고 하는데, 임상연구 결과들 중에서 가장 신뢰할 수 있는 자료로 알려져 있다. 2008년에 미국 심장학회지에는 9개의 연구 논문을 분석해서 심부전증환자의 사망률과 체질량지수의 상관관계를 발표했다.

사망률은 정상체중과 비교하여 과체중인 환자들은 19%가 낮고, 비만인 환자들은 33%가 낮았다. 미국에서 1988~1994년에 국가영양조사에 등록된 50세 이상 성인 3,659명의 자료 중 등록 후 2년 이내에 사망한 사람을 제외하고 나머지 사람들을 2004년에 분석한 결과, 체질량 지수가 21.5 이상 32 이하인 여성이나, 체질량 지수가 22 이상 35 이하인 정상체중이거나 비만인 사람이 저체중이거나 심한 비만인 사람에 비해 사망률이 낮았다. 정상 체중인 사람들과 비교하여 과체중인 사람들의 사망률이 12% 낮아서 가장 오래 살고, 저체중인 사람들의 사망률은 37% 높아서 가장 일찍 죽는 것으로 나타났다. 특히 심장질환자들은 저체중일 경우 정상 체중인 사람들보다 사망률이 45% 높았다. 체질량지수(BMI)가 35까지는 체질량지수가 높을수록 사망률이 낮았지만, 체질량지수가 35를 넘는 고도비만인 경우에는 사망률이 80%까지 증가했다. 결론적으로 사망률이 가장 낮은 부류는 체질량지수 25~30인 과체중군이다(미국내과학회지 2014, 127: 547-553).

위에서 언급된 모든 논문은 정상 체중의 체질량지수 20~24.9, 과체중은 25~29.9 그리고 비만은 30 이상을 기준으로 한 것이다. 결론적으로 적어도 중년 이후인 심혈관질환이 있는 사람들에서는 과체중이 오히려 건강에 좋다고 할 수 있다.

또 60대 이상 노년층에서는 비만한 사람들의 치매 발생률이 오히려 낮은데, 이는 노년층의 특성과 관련이 있을 것이다. 노인층에서 음식에 대한 욕구가 있다는 것은 삶에 대한 욕구가 있고 뇌기능이 정상이라는 증거로 생각된다. 노인층에서 식욕이 감소하고 체중이 줄기 시작하면 삶에 대한 호기심이 감소하고 우울증 발생의 위험이 있다. 우울증은 치매를 비롯한 심혈관질환의 발생이나 면역기능이 약해지는 위험을 증가시킨다. 그러나 체질량지수가 30 이상인 비만한 30대는 정상체중이나 과체중인 사람들과 비교해서 치매 발생률이 3~4배 그리고 50~60대에서는 비만인 사람들의 치매 발생 위험도가 30~40% 증가한다.

결론적으로 모든 연령에서 건강을 유지하기 위하여 정상체중이나 과체중을 유지하는 것이 좋고, 60대 이후 노년층이나 심혈관질환과 같은 만성질환이 있는 환자에서는 체중이 영양상태와 삶에 대한 의욕을 반영하는 지표를 생각했을 때 비만도 건강에 유리할 때가 있는 것이다(비만이 '유익'을 끼치는 경우는 특별한 경우에 한한다는 것을 기억하자).

비만은 No, 과체중은 Yes!

많은 연구결과를 종합해보면 몸 건강에 좋은 체중은 저체중이나 정상체중보다 과체중일 수 있다는 것이다. 우리는 흔히 '날씬하다'에 대한 나름의 기준을 세워두고 거기에 조금이라도 체중이 넘어서면 '뚱뚱하다'며 몸서리를 치곤 한다. '뚱뚱하니까 옷도 몸에 맞지 않고 결국 건강도 좋지 않을 거야.'라는 추측을 하며 살을 빼는 데 조바심을 낸다. 내 희망사항인 몸무게에서 단 1그램도 용납하기 힘들다.

왜 그럴까? 무엇보다 우리나라의 미의 기준이 지나치게 마른 몸매에 맞춰져 있다는 데 있다. 텔레비전에 소개되는 연예인들은 도저히 그 키에서 가능하지 않은 몸무게를 유지한다고 말한다.

둘 중 하나다. 거짓말이거나, 그들이 살인적인 다이어트를 하고 있거나. 연예인들의 사진을 봤을 때 후자 쪽인 듯하여 걱정스럽다.

내가 굳이 여기에서 어려운 연구결과를 설명하는 이유가 바로 이것이다. 우리는 너무 '살'을 죄악시한다. 체중이 정상보다 조금이라도 많이 나간다고 하면 그것이 지방인지 근육인지 구분하기 이전에 무조건 빼야 하는 것으로 단정 짓고 다이어트를 감행한다.

왜 과체중인 사람들이 오래 살까? 사실 이유는 아무도 모른다. 세 가지 정도로 추정할 수 있는데, 첫째는 고혈압, 고지혈증 혹은 당뇨병 등 심혈관 질환을 악화시키는 질환이다. 비만인 사람들이 이런 질병을 가지고 있다면 생활태도와 식생활을 개선하면서 체중을 감량하면 고혈압, 당뇨병, 고지혈증을 조절할 수 있게 되어서 질병의 합병증 발생을 예방할 수 있다.

그러나 저체중인 사람들이 이런 질병을 가지고 있을 경우에는 유전적인 문제일 가능성이 많기 때문에 식생활이나 생활태도 개선으로 질병을 조절할 수 있는 가능성이 적고 합병증을 예방할 수 있는 여지도 적다.

둘째는 근육의 양이다. 체중이 어느 정도 나가는 사람들의 몸에는 지방만 있는 것이 아니다. 무게를 지탱하기 위한 근육이 있다 특히 하체 근육과 등 근육이 중요하다. 과체중인 사람들은 근육이 유지되는 반면에 저체중인 사람들은 근육의 양이 적다.

근육은 골격을 유지하는 기능이 있을 뿐만 아니라 섭취한 에너지를 가장 많이 소모하는 기관이다. 따라서 근육량이 많으면 에너지를 많이 소모하기 때문에 많이 먹어도 살이 찌지 않는 체질로 변해서 체형을 유지하는데도 필요한 것이다.

중요한 것은 근육의 양이 적으면 사망률이 높아진다는 점이다. 실제로 근육량은 체질량지수보다 더 중요한 장수의 예측인자이다. 미국의 보건성에서 55세 이상의 성인을 대상으로 근육량과 생존률의 상관관계를 연구했다. 근육량을 4그룹으로 분류했더니 근육량이 가장 많은 그룹이 가장 적은 그룹보다 사망률이 20% 적었다(미국내과학회지 2014, 127: 547-553).

셋째는 지방의 역할이다. 지방은 우리 몸에서 연료로 사용된다. 우리 몸이 질병에 걸렸을 때 이를 물리치기 위해 연료가 평소보다 더 많이 필요한데, 이럴 때 지방이 유용한 연료로 사용된다. 예를 들어 폐렴은 노인들의 사망 원인 중 가장 중요한 질병인데, 체지방이 많은 과체중이나 심지어 비만인 사람들은 충분한 연료 덕분에 사망률이 낮다. 그러나 저체중인 경우 폐렴에 걸리면 연료의 부족으로 질병을 물리치는 데 더 힘이 들 수 있는 것이다.

또한 지방은 세포를 구성하는 중요한 요소이다. 면역기능이 정상적으로 작용하기 위해서는 면역세포가 필요하고 이때도 체지방이 많은 비만이나 과체중인 사람들이 저체중인 사람들보다 유리하다. 체질량지수가 높아도 근육량이 많을 경우에는 건강에 더 좋다. 또 지방의 양이 많더라도 고도 비만이 아니라면 건강에 크게 해가 되지 않는다.

우리나라 여성의 약 2/3에서 자신이 비만하고 체중을 감량시키고 싶어 한다는 조사 결과가 있다. 건강한 정상 체중이나 과체중인 사람들이 모두 체중을 감량하고자 하는 것인데 이럴 때는 지방이 감소하는 것보다 근육이 감소하는 경우가 대부분이다.

우리 병원을 방문하는 젊은 여성들에서 특히 근육량이 정상에 미치지 못하는 사람들이 흔하다. 그럼에도 불구하고 체중을 줄이겠다고 식욕억제제를 요구하기도 한다. 정말 위험한 발상이다.

부디 '날씬함'이 주는 환상에서 벗어나 자신의 몸 건강을 위해 몸매도 적절하게 관리할 줄 아는, 무엇보다 근육이 잘 발달된 건강한 사람들을 많이 만나기를 기대한다.

5

근육은 수명도
연장시킨다

"문제는 스트레스인데 약을 먹는다고 없어지겠어요. 적절한 해소법을 찾아야지요."

내 말에 양민정 씨(가명)는 한숨을 푸욱 내쉬었다. 그녀는 37세로 일곱 살과 다섯 살 된 두 딸을 키우고 있는 워킹맘이었다. 늘 만성피로와 소화불량에 시달리던 그녀는 여러 병원을 전전하며 위염, 부신피로증후군 등을 진단받고 약제를 처방 받아 복용 중이라고 했다. 약을 안 먹을 때보다는 나아졌지만 생각보다 몸이 가벼워지지 않았고 여전히 소화불량을 느꼈다. 식사 도중에 명치 밑이 막히는 듯이 답답하고 배에 가스가 차는 느낌이 있어서 식사를 충분히 할 수 없었다. 변비도 심해서 대개 3~4일에 한 번 배변하고, 스트레스가 많으면 1주일에 한 번 배변하기도 힘들었다.

검사 결과 그녀는 신장 163cm, 체중 49kg이었고, 근골격량은 20kg, 체지방은 15kg이었다. 체질량지수(BMI)는 18.4로 적었다. 복부 비만 지수는 0.89로 마른 비만이 의심되었다. 혈액검사에서 심한 비타민D 부족증이 확인되었다.

그녀의 모든 증상은 직장인 스트레스가 원인이 되어 나타나는 전형적인 형태였다. 문제는 스트레스가 원인인 증상에 약을 사용하고 있다는 점이었다. 이렇게 스트레스에 의한 신체증상을 앞서 언급했던 부신피로증후군이라 한다. 이를 설명하기에 앞서 우리 몸의 부신이란 기관이 어떤 일을 하는지를 먼저 알아보자.

부신은 우리 몸의 양쪽 신장 위에 위치하는 작은 내분비기관이다. 여기서 분비되는 호르몬은 스트레스나 각종 자극을 견딜 수 있도록 신체의 대사와 면역기능을 조절한다. 즉 우리 몸이 스트레스를 받으면 이를 견디기 위해 혈압을 높이고 심장 박동을 빠르게 한다. 또 에너지도 필요하기 때문에 에너지원인 당분과 지방을 많이 만든다.

그런데 스트레스가 오래 지속되면 어떻게 될까. 부신은 더 이상 스트레스 호르몬을 만들 수 없을 정도로 지쳐버리게 된다. 이런 상태에 이르면 혈압조절과 면역기능에 이상이 생기는데, 이를 부신피로증후군이라고 한다. 기운이 없고, 피로하고, 자주 저혈압이 발생하는 증상이 나타난다.

검사에서 부신피질호르몬이 비정상적으로 부족한 것을 발견하면 부신피질호르몬을 보충해야 한다. 이는 심각하게 상태가 악화된 경우에 일시적으로 사용하는 방법이다. 근본적으로는 부신피질호르몬이 부족한 원인이 스트레스이므로 양민정 씨와 같은 경우는 스트레스를 줄이고 푹 쉬고 잘 먹는 것이 가장 좋은 치료이다.

또한 스트레스가 많으면 우리 몸에 꼭 필요한 비타민의 소모가 많아서 비타민 부족증이 발생하기 쉽다. 여러 가지 비타민을 보충해 주는 것이 증상을 개선하는데 도움이 된다. 물론 약물 치료는 건강을 회복할 때까지 기력을 보충해주는 보조치료에 불과하다. 민정 씨가 건강을 되찾기 위해서는 충분한 영양보충과 휴식, 적절한 운동이 가장 좋은 방법이다.

근육을 키워야 건강도 따라온다

많은 사람들이 의사들이 얘기하는 해법 중 '적절한 운동'에 대해 의문을 갖는다. 눈코뜰새 없이 바쁜 직장인에게 적절한 운동이란 게 현실적으로 가능하냐는 것이다. 진짜 현실적으로 동떨어진 해법일까.

위 사례의 여성도 두 아이의 엄마인데다 워킹맘이다. 그녀는 대개 아침 6시에 일어나 출근 준비를 한 후 우유 한 잔과 빵 한 쪽으로 간단히 아침을 먹고 자고 있는 아이들을 깨워 10분 거리에 있는 시댁에 데려다 주고 출근한다.

오전 8시 40분 쯤 출근해서 컴퓨터 앞에서 일하고 주 1~2회 정도 회의가 있다. 물 마시거나 화장실에 가는 것조차 잊어버릴 정도로 바쁠 때도 많다. 점심은 회사 근처에서 백반 종류로 먹고 7시 정도에 퇴근해서 시댁으로 가서 아이들을 데리고 집으로 돌아오면 8시가 훌쩍 넘는다. 야근을 하는 날이면 밤 10시를 넘길 때도 있다. 이것이 일상인데, 이 스케줄에서 대체 어디에 운동을 끼워 넣는다는 말인가.

그럼에도 불구하고 나는 '적절한 운동'을 강조한다. 그것도 반드시, 꼭 해야 한다. 이유는 위 사례만 봐도 알 수 있다. 민정 씨의 소화 불량과 변비는 몸속의 근육량이 부족한 것과 관계가 깊다. 소화가 안 되고 변을 볼 수 없는 것이 왜 근육 탓일까.

위와 장이 무엇으로 구성되어 있는지를 생각하면 바로 답이 나온다. 바로 근육이다. 위와 장은 하루 24시간 끊임없이 활동한다. 음식을 섭취했을 때에는 2시간 가까이 활발하게 움직여야 한다. 위와 장의 움직임은 사람의 의지와 관계없이 자율신경계에 의해서 조절되는데, 신체의 움직임이 활발하면 위와 장의 움직임도 빠르고, 신체의 움직임이 적으면 위와 장의 움직임도 약하다.

또한 위가 음식물을 분쇄하는 힘을 유지하기 위해서는 근육이 튼튼해야 하는데 민정 씨와 같이 신체운동이 거의 없고 근육이 약하면 위와 장의 운동도 약할 수밖에 없다.

'운동할 기회'가 사라지는 사회

운동의 중요성은 아무리 강조해도 지나치지 않다. 하지만 노동 형태가 변화하면서 사람이 몸을 움직일 기회는 점점 사라지고 있다. 20세기 초반까지만 해도 농업, 어업과 같이 육체노동이 사람이 생활을 영위하는 주요수단이었지만, 이제는 육체노동의 기회는 줄고 정신노동으로 대체되었다.

그래서일까. 과거에는 생각하지 못했던 질병이 현대에 유행하고 있다. 2차 세계대전까지는 천연두, 폐결핵, 콜레라 등 세균성 질환이 공포의 대상이었는데 페니실린을 비롯한 각종 항생제가 개발되고 예방주사가 발달하자 감염성 질환에 의한 사망은 많이 줄었고 평균수명도 늘어났다. 반면에 먹을거리가 풍부하고 육체노동이 줄어들면서 칼로리가 축적되면서 고혈압, 고지혈증, 당뇨병, 심혈관 질환이 증가했다. 우리나라 심장질환으로 인한 사망률은 1997년에 인구 10만 명당 37.6명에서 2007년에는 43.7명으로 증가했다.

암 발생률도 증가했다. 인구 10만 명당 암 환자의 비율은 2003년에 남자 0.63명, 여자 0.65명이었는데 2008년에 남자 1.35명, 여자 1.68명으로 증가했다. 다시 말하면 인구 약 70명 중 한 명은 암으로 치료받고 있거나, 치료받은 경력이 있다는 것이다.

근육운동, 암과 심혈관질환 예방한다

대부분의 암은 세포의 유전자 변형이 생기면서 발생한다. 유전자는 두 가닥이 나선형으로 꼬여 있는 형태인데, 유전자의 맨 아래쪽에 '텔로미어(telomere)'라는 것이 있다. 텔로미어는 유전자의 나선형이 풀리지 않게 꼭 잡아주는 역할을 하는데, 나이가 들어감에 따라 텔로미어의 길이가 짧아진다. 즉 텔로미어의 길이가 길수록 오래 살 수 있다.

근육운동은 바로 텔로미어의 길이를 늘려준다. 스웨덴 웁살라 대학에서는 68세의 과체중인 사람 49명에게 만보계를 채워주고 두 그룹으로 나누어 한 그룹에는 걷기를 지도하고 다른 그룹은 평소대로 활동하게 한 후, 6개월이 경과한 후 혈액세포의 텔로미어의 길이를 운동을 시작하기 직전과 비교했다.

운동을 한 그룹에서 텔로미어의 길이가 더 길었고, 특히 앉아 있는 시간이 짧을수록 텔로미어의 길이가 더 길었다(영국 스포츠의학회지 2014. 48:1407-1409). 일주일에 운동으로 소모하는 에너지가 900~2,000칼로리인 사람들의 텔로미어 길이가 가장 길고, 3,000칼로리 이상인 사람들이나 900칼로리 미만인 사람들의 텔로미어의 길이가 상대적으로 짧았다(운동이 너무 과하거나 부족하면 텔로미어의 길이가 짧아진다).

운동량이 적고 앉아 있는 시간이 길면 암에 걸릴 확률도 높아진다. 호주의 서부 지역 인구 조사에서 대장암 환자 918명과, 이들과 성별, 나이 등이 비슷한 건강한 사람 1,021명을 비교했더니 10년 이상 앉아서 일하는 직업을 가졌던 사람이 서 있는 직업인 사람보다 대장암의 발병 위험은 2배, 직장암 발병 위험은 46% 높았다(미국 역학회지. 2011. 173: 1183-91.). 운동과 암 발생확률의 직접적 연관성을 입증하는 결과다.

또한 운동은 심혈관질환의 발생도 감소시킨다. 특히 매일 한 시간 정도 가벼운 운동을 하면 심장의 혈액배출 기능이 약해지는 심부전증 발생이 46%나 감소한다(미국 순환 심부전학회지 2014. 7: 701-708).

운동을 하면 스트레스에 견디는 능력도 좋아진다. 꾸준한 운동은 팔다리, 허리 골격을 이루는 근육(골격근)을 증가시키는데, 이때 PGC-1이라는 단백질도 많아진다. 이 단백질은 우울증 환자에서 발견되는 키뉴레닌을 분해하는 효과가 있다. 스트레스를 많이 받으면 뇌에서 키뉴레인이 분비되면서 우울증이 생기는데 골격근이 많으면 PGC-1 단백질이 많아서 키뉴레인을 더 빨리 분해시킬 수 있기 때문에 우울증이 발생할 확률이 줄어든다.

민정 씨가 피로와 소화불량, 변비를 해소하고 싶다면 주말에 아이들과 함께 자전거 타기 혹은 공놀이와 같은 신체운동을 해서 근육을 키워야 한다. 이 정도만으로 1,500칼로리 정도를 소모할 수 있으므로 텔로미어를 지킬 수 있다. 야외활동의 또 하나의 장점은 비타민D를 보충할 수 있다는 것이다. 한 시간 정도는 자외선차단제(선크림)를 사용하지 말고 얼굴과 팔을 햇빛에 노출시켜야 체내 비타민D 합성에 도움이 된다.

일주일에 900~2,000칼로리 정도를 소비하는 비교적 쉬운 운동을 해도 효과가 있다. 성인이 1칼로리를 소모하려면 30보를 걸어야 한다. 대중교통으로 출퇴근하면 한 번에 약 3천 보 정도를 걷게 되는데, 왕복 6천 보는 약 200칼로리다. 1주일에 5일을 걸으면 1,000칼로리를 소모한다. 사무실에서 이동할 때도 조금 빠르게 걷고, 엘리베이터보다 계단을 이용하고, 외근을 갈 때에는 10~20분 정도 일찍 나가서 한 두 정거장을 걸어가는 습관을 들여 보자. 점심 식사 후에 30분 정도 빠른 걸음으로 산책하는 것도 도움이 된다. 일하는 도중에 가벼운 어깨와 팔 스트레칭을 틈틈이 한다.

운동하면 근육이 유지되고 근육이 유지되면 많이 먹어도 살이 찌지 않는 체질로 개선할 수 있고, 스트레스가 있어도 쉽게 적응할 수 있기 때문에 쉽게 지치지 않는다.

또한 간식으로 매일 1, 2개의 삶은 계란으로 단백질을 보충하고 토마토, 당근 같은 채소로 비타민과 식이섬유를 보충한다면 금상첨화다. 이 영양소가 있어야 근육이 만들어질 수 있기 때문이다.

6

달걀,
먹을까 말까?

근래 들어 달걀의 효능에 대한 논쟁이 뜨겁다. 혹자는 요즘 달걀이 워낙 많은 불순물(항생제나 첨가제)에 오염되어 있어 안 먹는 게 낫다고 한다. 특히 고지혈증 혹은 심혈관계 질환을 앓고 있는 환자들은 달걀을 멀리하고 있다. 물론 항생제나 첨가제로 키운 달걀은 좋지 않지만 유기농으로 키운 달걀은 다르다.

달걀은 껍질을 제외하고 모든 것이 고단백 저칼로리의 거의 완벽한 영양덩어리이다. 큰 달걀 한 개는 약 50그램, 약 71칼로리이다. 이중 45칼로리는 달걀에 포함된 지방에 함유되어 있다. 달걀이 나쁘다는 논리는 바로 이 지방 때문인데, 달걀의 지방은 모두 노른자에 집중되어 있다. 45칼로리는 지방 5그램이고 이는 하루에 허용된 포화지방산 총량의 8%에 불과하다. 이 중에서 몸에 나쁜 콜레스테롤은 약 210밀리그램뿐이다.

또 달걀노른자에 포함된 콜레스테롤은 레시틴이 주성분이다. 레시틴은 나쁜 콜레스테롤을 간으로 이동시켜서 분해하는 효과가 있는 좋은 콜레스테롤이므로 오히려 내 몸에 필요한 성분이다.

콜레스테롤은 하루에 300밀리그램 이상 섭취하지 않도록 권장하지만, 이는 콜레스테롤을 제외한 다른 지방의 섭취가 충분한 경우에 해당한다. 만일 다른 지방의 섭취가 하루 권장량에 미치지 못할 정도라면 콜레스테롤 하루 권장량에 연연할 필요가 없다.

달걀, 우리 몸에 꼭 필요한 단백질 덩어리

2010년 국민영양섭취 조사 결과에 따르면 우리나라 성인은 하루에 섭취하는 총칼로리의 10~15%를 지방으로 섭취한다. 건강한 성인은 지방 섭취를 하루에 섭취하는 총 칼로리의 25%~35% 미만으로 유지하라는 미국 심장학회 권유량과 비교하여 적은 편이다. 따라서 특별히 삼겹살이나 튀긴 음식을 주식으로 하는 사람을 제외하면 달걀노른자의 콜레스테롤은 걱정할 필요가 없다. 또 최근의 연구 결과에 의하면 현대인에게서 고콜레스테롤혈증 환자가 증가했지만, 지방의 섭취량은 큰 변화가 없었고, 오히려 당분 섭취가 늘어난 것이 원인이다(2014 타임지). 음료수나 식품에 단 맛을 내기 위해서 사용하는 과당의 양이 1950년대와 비교하여 30배 이상 증가하였다.

달걀노른자 섭취 문제는 사실 우리나라가 아닌 서양의 문제이다. 서양 식단에는 달걀을 쓰는 요리가 많다. 빵, 과자, 디저트, 소스 등 달걀 특히 달걀노른자가 들어 있는 음식이 많으므로 콜레스테롤이 높은 환자에서 달걀노른자의 섭취를 제한하는 것이 당연하다. 2010년 미국의 국민영양섭취 조사 결과에 따르면 미국인의 하루에 섭취하는 총 열량의 25% 정도를 지방으로 섭취한다. 우리나라 사람들과 비교하여 2배 정도로 많은 양이다.

또한 달걀의 흰자는 수분을 제외하면 대부분 단백질이다. 약 6그램의 단백질이 포함되어 있다. 달걀의 단백질은 100% 소화 흡수되어 몸 안에서 사용되는 육류에 포함된 단백질과 동등한, 질 높은 단백질이다. 달걀에는 단백질과 지방뿐만 아니라 철분, 칼슘, 비타민 A와 B군 등과 셀레늄과 같은 미량 영양소도 포함되어 있다. 특히 루테인이 많이 포함되어 있어, 미국 영양학회 연구 결과에 따르면 하루에 계란 1.3개씩 먹으면 혈액 내 루테인의 농도가 증가한다고 한다. 루테인은 시신경을 보호하는 기능이 있어서 시력 저하를 억제한다. 미국 영양학회는 건강에 이상이 없는 사람은 달걀을 하루에 두 개씩 섭취해도 고지혈증의 위험이 없다고 발표했다. 아침식사로 달걀 2개를 먹는 사람은 체중이 감소한다는 연구결과도 있다.

특히 달걀 노른자에 포함되어 있는 레시틴은 우리 몸에서 세포를 구성하는 주성분일 뿐만 아니라 심혈관질환을 발생시키는 LDL콜레스테롤을 간으로 운반해주는 HDL을 공급하는 중요한 단백질이다. HDL의 농도가 혈액 1리터 당 10mg 증가하면 심혈관질환이 발생할 확률이 3% 감소한다.

결론적으로 단백질과 필수 영양소가 풍부한 달걀은 섭취하는 게 좋다. 삶아 먹든, 쪄서 먹든, 지져 먹든 하루 달걀 2개는 노른자를 포함하여 먹고, 저체중인 사람이 단백질 보충이 필요한 경우에는 매 끼니 달걀흰자를 2개씩 먹으면 더 좋다. 단백질 섭취가 많아야 뼈와 근육이 튼튼해지고, 탄수화물 섭취를 줄일 수 있다.

7

건강을 원하면
허리부터 펴자

　나는 3년 전에 어깨와 목이 아프고 손끝이 저리는 증상으로 고생하면서 5번과 6번 사이 경추 디스크로 진단받았다. 그 때의 통증은 이루 말할 수 없었다. 어깨가 시리고 팔을 따라 시리고 저리는 증상이 계속되면서 목을 돌려도 아프고 누워도 아파서 잠을 잘 수 없었다. 척추에 직접 주사하는 치료를 여러 차례 받았지만 통증이 계속되어서 수술을 심각하게 고려했다. 그렇게 아플 때는 통증 이외에는 다른 생각을 할 수가 없고 우울해서 사는 것 자체가 힘들었다.

신경과 혈관을 누르는 '거북목 증후군'

　구부정한 자세가 건강에 나쁘다는 사실은 잘 알려져 있다.
　우리 몸을 지탱하는 척추는 목 부위는 경추, 가슴 부위는 흉추, 허리 부위는 요추 등 부위에 따라 다른 이름으로 불리는데,

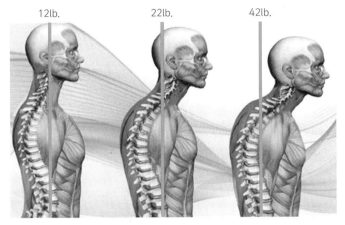

© 2010 www.erikdalton.com

자세에 따라서 척추에 부하되는 머리하중이 달라진다. 정상에서는 5.4kg(12파운드), 약간 굽은 경우는 약 10kg(22파운드), 많이 굽은 경우에는 약 19kg(42파운드) 하중을 받는다(호주 물리치료사협회).

목에서 허리 끝까지 자연스러운 이중 S자 모양의 곡선을 이루고 있다.

뇌에서 시작한 신경이 척추를 따라서 내려오면서 척추와 척추 사이의 공간을 통해서 나오면서 우리 몸의 복잡한 신경 체계를 유지한다. 이런 신경과 함께 동맥과 정맥이 나란히 내려온다.

자세가 바르지 않고 구부정하면 척추와 척추 사이의 공간이 좁아지면서 신경과 혈관이 눌리면서 다양한 증상이 생긴다.

경추에 문제가 있으면 목과 어깨가 아프고, 팔과 손끝이 저리고 시리거나, 요추에 문제가 있으면 다리가 저리고 시린 증상이 생긴다. 고개를 앞으로 빼고 등은 굽은 것이 거북이와 비슷한 자세 때문에 생긴 증상이라고 해서 '거북목 증후군'이라고 한다. 영어로는 앞으로 머리 증후군(Forward head Syndrome), 학자목(scholar neck syndrome), 독서목(Reading neck) 등으로 불린다. 책을 읽을 때 취하는 자세와 비슷하고 공부를 많이 하는 학자들에서 많이 생겨서 얻은 명칭이다.

등과 목의 근육이 약해지거나 척추뼈가 약해진 경우에 거북목 증후군이 발생하기 때문에 과거에는 주로 노년층에서 나타났지만, 거의 모든 사무를 컴퓨터로 처리하고 휴대전화를 손에서 놓지 못하고 계속 사용하는 현대인들에게 매우 흔한 문제이다.

거북목 증후군은 자세와 관련이 있는 증상인데 베개를 너무 높게 사용하거나, 컴퓨터나 휴대전화를 장시간 사용하는 것과 관련이 많다. 또 정신적인 스트레스가 심하거나 우울증이 있어서 운동량이 적은 사람들에게도 흔히 발견된다.

호주의 카이로프락틱(약물이나 수술을 사용하지 않고 신경, 근육, 골격계의 장애를 치료 및 예방하는 방법) 치료사들의 공식 웹사이트(whatsyourposture.com.au)에서는 척추가 느끼는 머리의 무게가 자세에 따라서 달라진다고 했다. 똑바로 선 자세에서 성인의 머리무게는 대개 약 5.4kg(12파운드)인데, 목이 앞으로 나오기 시작하면 척추에 걸리는 머리의 무게는 더 무거워져서 심하게는 약 19kg(42파운드)에 달하게 된다. 즉 거북목증후군이 심할수록 척추에 걸리는 하중이 심해지고 임상증상도 심해져서 추간판탈출증과 같은 질병으로 발전할 수 있다. 거북목증후군이 있는 환자의 반 이상에서 두통, 눈에 부담, 목과 어깨, 등, 허리 통증, 불면증 등 임상증상이 나타난다. 특히 휴대전화와 같은 전자기기를 자주 사용하는 사람에서는 손목에 통증이 있는 카팔터널증후군(carpal tunnel syndrome)이 거북목증후군과 함께 나타난다.

우리나라 전통의학으로 해석하면 거북목 자세는 기의 소통을 방해해서 기가 막히는 자세이다.

자세가 구부정하면 신체적인 건강이 나빠질 뿐만 아니라 정신 건강과 인지 능력까지 나쁜 영향을 받는다. 미국에서 여자 대학생을 40명은 구부정한 자세로, 또 다른 40명은 꼿꼿한 자세로 수학 문제를 풀게 하고 상담했더니, 꼿꼿한 자세의 학생들이 수학 문제를 더 많이 풀었고, 마음가짐도 더 긍정적이었다(계간 여성 심리학 2014 9월).

구부정한 자세를 유지하면 성욕이 떨어지고, 우울한 감정이 많이 생기면서 부정적인 단어를 많이 사용하면서 자의식이 약해진다. 다시 말하면 자세가 당당하면 자신감이 생기고 긍정적이 되면서 업무 능력도 좋아지기 마련이다.

나는 목과 어깨가 아픈 증상과 손가락 끝이 저리는 증상이 계속되어서 수술을 고려해보라는 권유를 받았다. 그러나 수술은 현재 앞으로 삐져나온 척추 사이의 연골(추간판 탈출)을 제거하는 효과는 있지만, 이런 통증을 유발한 근본적인 문제인 자세를 고치거나, 약한 등과 어깨 근육을 강화하는 방법은 아니라고 생각했다. 또 정형외과와 신경외과 전문의들도 수술로는 증상의 반 정도를 개선하지만, 수술 후에도 꾸준히 운동하면서 자세를 교정하고 근육을 강화하는 것이 필요하다고 조언을 해주었다.

결국 나는 수술하지 않고 치료를 받기로 결정했고, 허리 펴기, 어깨와 팔 돌리기 등 스트레칭 운동을 위주로 운동을 시작했다. 또 항상 다리를 꼬고 구부정하게 앉아서 일하던 버릇을 고치려고 노력하고 있다. 가장 신경을 쓰는 것은 책상에 앉아서 일할 때나 자동차를 타고 갈 때 허리를 꼿꼿하게 펴는 것이다. 이렇게 자세를 꼿꼿이 하면서 통증이 조금씩 줄어서 이제는 약을 먹지 않아도 견딜 수 있을 정도로 나아졌다.

오늘부터 허리를 펴면 신경과 혈액 순환이 원활해져서 기가 살고 자신감도 올라간다. 허리 펴고 살자.

8

장수하려면
앉지 마라

나는 하루에 근무하는 시간 8시간 중에 병원 내에서 잠깐씩 걷는 것을 제외하고 7시간 이상 앉아 있다. 승용차를 운전해서 출퇴근하니까 운전하는 동안 앉아있고, 식사 때도 앉아 있고 쉴 때도 앉아 있다. 자는 시간 7시간과 잠깐 걷거나 집안에서 왔다갔다 하는 시간을 제외하면 하루 24시간 중 적어도 15시간은 앉아서 지낸다. 도시에서 사무직으로 일하는 사람들이 앉아있는 시간은 12~15시간 정도일 것으로 생각된다. 이렇게 앉아 있는 시간이 길면 건강에는 어떤 영향이 있을까?

2012년 월스트리트 저널에는 영국내과학회지를 인용해서 하루에 3시간 이상씩 앉아서 생활하는 사람은 기대수명이 2년 짧아진다는 기사가 실렸다. 하루에 2시간 이상 텔레비전을 시청하면 수명이 1.4년이 단축되고, 텔레비전을 4시간 이상 시청하면 2시간 이하로 시청하는 사람들과 비교하여 사망확률이 45% 더 높다. 더구나 4시간 이상 텔레비전을 시청하는 사람들은 심혈관 질환으로 사망할 확률이 무려 80%나 높았다. 이 연구결과에 따르면, 책상에 앉아서 컴퓨터로 사무를 보거나 자동차에 앉아서 이동할 때가 많은 현대인들은 '앉아 있는 자세' 때문에 건강에 위협을 받는 셈이다. 장시간 앉아 있는 것이 건강에 해가 되는 이유가 대체 무엇일까?

장시간 앉아 있기,
심장과 근육 약해진다

앉아있는 시간이 길어지면 운동량이 부족해서 근육이 약해진다. 근육의 중요성은 앞서 언급한 것처럼 아무리 강조해도 부족하다. 캐나다 캘거리의 헬스서비스 연구팀은 새로 발생하는 암 중에서 유방암과 대장암이 '앉아 있는 사람'에게 많이 발생한다고 발표했다. 호주 연구팀은 대장암 환자 918명과 정상인 1,021명을 비교했더니 10년 이상 앉아서 일하는 직업을 가진 사람들에서 서서 일하는 직업을 가진 사람에 비해서 대장암 발생 위험이 2배 이상이었다.

오래 앉아 있으면 혈액 순환에도 장애가 발생한다. 미국 오리건에 있는 보건과학대학에서는 앉아 있는 것이 동맥기능에 미치는 영향을 연구했다. 20~35세 남성 11명을 대상으로 한 번은 3시간 동안 앉아만 있게 하고, 다른 한 번은 한 시간 마다 5분간 러닝머신에서 운동을 하게 한 후에 동맥의 기능을 검사했다.

1시간을 앉아만 있을 때를 5분간 운동을 한 경우와 비교하면 동맥의 능률이 50% 이상 감소했다.

장기간 앉아 있으면 근육의 기능이 약해지고 심장의 펌프 기능도 약해진다. 또 운동하지 않고 앉아 있으면 혈관 안에 울혈이 생기고 압력이 올라가면서 혈관벽을 덮고 있는 혈관내벽세포에 손상이 생겨서 심혈관 질환의 위험이 높아진다.

이렇듯 '장시간 앉은 자세'는 근육을 약하게 하고, 혈관의 벽을 손상시키고 혈액순환을 방해하는 등의 악영향이 있지만, 이보다 더 중요한 사실은 앉아 있을 때 우리 몸의 에너지 소비가 매우 적다는 것이다. 인류가 생존을 시작한 고대에서부터 18세기말 영국에서 산업혁명이 시작되기 전까지 대다수의 사람들은 농사나 어업과 같은 1차 산업에 종사하면서 육체노동을 주로 했다. 더욱이 그때는 먹을거리가 풍족하지 않은 상태에서 육체활동이 많았기 때문에 잉여 칼로리가 몸 안에 축적될 여지가 없었다. 그러나 산업혁명 이후 직업군이 다양해지고 앉아서 일하는 직업이 생겨나면서 육체활동의 양이 줄어들기 시작했다. 산업이 다양하고 복잡해지면서 IT기업과 같은 첨단 산업이 발달함에 따라 앉아서 일하는 근로자의 숫자는 폭발적으로 증가하였다. 게다가 교통이 발달하면서 옛날에는 걸어서 가던 길을 자동차로 갈 수 있게 되었고, 가공기술과 장거리 운송기술의 혁신으로 먹을거리가 훨씬 더 풍족해지게 되었다. 즉, 섭취하는 칼로리 대비 사용되는 칼로리는

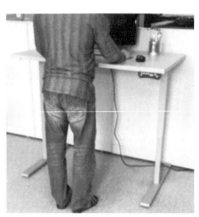

전동높낮이 책상(사진제공 : 새한의료기기)

줄어들면서 잉여 칼로리가 체내에 축적될 여지가 많아진 것이다.

이렇게 변화한 현대인의 생활패턴은 과거에는 전혀 알지 못하던 새로운 질병군이 나타나는 계기가 되었다. 예컨대 1999년에 세계보건기구에서 'X증후군'이라는 이름으로 불렸던 심혈관 질환의 원인으로 잘 알려져 있는 대사이상증후군은 운동부족과 장시간 앉아 있는 생활패턴이 주요 원인으로 꼽히고 있다.

혈압 140/90mmHg 이상, 고지혈증, 복부비만, 당뇨병, 미세단백뇨 등이 있을 경우에 진단해볼 것을 권고하고 있다.

사무실에서 일할 때 앉아있는 시간을 줄이기 위해 노력해야한다. 잠깐 회의할 때 서서 한다거나, 앉아서 일하면서 한 시간마다 일어나서 스트레칭하기, 전화를 받을 때 일어서서 움직이기, 식사 후에 걷기, 전화나 이메일로 소통하기보다는 직접 걸어가서 만나기, 그리고 사무실 내에서도 경쾌하게 움직이기 등을 습관으로 만들기 바란다. 너무 바빠서 별도의 시간을 내어 운동하기 힘들더라도 이러한 작은 노력이 내 몸 건강을 지킬 수 있는 최소한의 방법이다.

9

치매를 부르는
걱정과 질투

우리 병원에서 고혈압으로 치료받고 있는 홍성자 씨(가명)는 지적이고 세련된 60대 후반의 여성이다. 혈압 조절은 잘 되는 편이었는데, 3년 전 친정아버지가 세상을 떠난 후부터 혈압 조절이 잘 되지 않았고 늘 수심에 찬 얼굴이었다.

사연을 들어 보니 재산가였던 친정아버지께서 세상을 떠난 후 재산을 분배하던 중에 형제간에 다툼이 발생했다. 특히 평소에 믿고 의지하던 큰 오빠가 아버지의 재산을 빼돌리고 정당한 분배를 하지 않는 것 때문에 배신감이 심하다고 했다. 결국 재산을 빼돌렸다고 지목을 받고 있는 형제들과 분배를 잘 못 받았다고 생각하는 형제들 사이에 소송을 불사하는 커다란 내분이 생겼다고 한다.

그 과정에서 성자 씨에게는 잠을 못 자고 맥박이 빠르게 뛰는 증상이 생겼다. 상담 중에도 늘 불안한 얼굴이었고 형제들에게 대우를 제대로 받지 못한 것에 대한 분노를 자주 표현했다.

이런 문제가 생기고 나서는 사람이 무서운 생각이 들고, 또 집안 문제가 창피하기도 해서 오랫동안 해 오던 봉사활동도 접고 집에서 혼자 지내는 시간이 많아졌다. 최근 자동차 열쇠를 꽂아 놓은 채로 차에서 내리고, 약속을 해 놓고도 잊어 버려서 본의 아니게 약속을 어기는 경우가 생기고, 가까웠던 친구의 이름이 생각이 나지 않는 일이 잦아졌다. 최근 보건소에서 치매 검사를 받았는데, 치매가 의심된다는 충격적인 결과를 들었다.

치매,
위험연령이 따로 없다

치매는 아무 이상이 없었던 사람이 다양한 원인으로 인해 뇌 기능이 손상되면서 과거보다 인지 기능이 저하되면서 일상생활을 정상적으로 영위하기 어려운 상태가 되는 것을 말한다. 여기서 인지 기능이란 기억력, 이해력, 계산능력, 언어 능력, 문제해결력, 비판력, 판단력 등 인간의 다양한 지적 능력을 말한다. 치매는 보통 노년기에 많이 발생하지만 최근 들어 치매 연령대가 낮아지고 있어 사회적으로도 이슈가 되고 있는 뇌질환이다. 쉽게 알아채기 어려울 정도로 서서히 진행되므로 조기에 발견해서 대처하기 어렵고, 대개는 상당히 병이 진행된 후에야 병원을 찾게 된다.

치매를 건망증 증세와 헷갈려 하는 사람이 많다. 두 가지는 엄연히 다르다. 건망증이나 치매가 둘 다 평소에 잘 알고 있던 사실을 자꾸 잊어버린다는 점에서는 비슷해 보이지만, 건망증은 잊었다 해도 누군가 알려주면 금세 기억을 되살린다. 정상인에게서 흔히 관찰되는 것이다. 반면에 치매 환자는 잊었던 사실을 상기시켜줘도 전혀 기억을 되살리지 못한다. 다양한 원인에 의해서 뇌에서 인지 기능을 하는 세포들이 소실되는 질환이다. 한 사람의 일생동안 발달된 인지기능이 떨어지는 것이기 때문에 다시 '아기가 되는 질환'이라고도 부른다. 치매가 심해지면 주변 사람을 알아보지 못하고 대소변을 가리지 못하거나 옷 입고 씻는 것도 잘 할 수 없다. 늘 다니던 길도 기억하지 못해 혼자 나갔다가 길을 잃어버리기 일쑤다. 그래서 어떤 병보다도 가족이 고통을 받는 질병이기도 하다. 우리나라는 급격한 노령화로 인해 치매환자도 빠르게 증가하고 있다.

치매는 뇌세포가 서서히 소실되는 알츠하이머 치매와, 혈액순환장애에 의해서 뇌세포가 소실되는 혈관성 치매가 가장 흔하다. 전체 치매 환자의 50~60%가 알츠하이머 치매로 알려져 있지만, 대부분의 환자에서 두 가지 원인(뇌세포 소실, 혈액순환장애)이 같이 존재하므로 명확한 진단을 내리기는 어렵다.

원인에 상관없이 치매 발생에 가장 중요한 원인은 노화 현상이다. 대부분의 환자는 나이가 65세를 넘어가면 5년이 경과할 때마다 치매가 발생할 확률이 2배씩 증가한다. 그러나 치매 환자의 약 5%는 40대부터 치매가 발생하는 조기 치매이다. 치매도 가족력이 있는 환자에서 발생할 확률이 높다. 최근에는 치매환자에서 다양한 유전자의 변형이 확인되었지만, 이런 유전적인 성향보다는 더 많은 원인들이 치매 발병에 관여하기 때문에 유전자 변형은 참고사항이다. 머리에 외상이 있거나 목이 심하게 흔들리는 외상을 입은 환자에서도 치매 발병이 많다. 또 흡연, 과음, 심한 비만, 고혈압, 고지혈증, 당뇨병 등 뇌 혈액 순환을 방해하는 심혈관계 질환이 있는 환자에서도 치매가 발생할 위험이 많다.

평균 연령이 80세 이상인 현대 사회에서 누구나 치매에 대한 위험을 안고 살아간다고 할 수 있다. 치매는 뇌세포가 소실되는 질환이므로, 이를 방지하는 것이 가장 좋은 예방법이다. 고혈압, 고지혈증, 당뇨병과 같이 심혈관계 질환의 원인이 있는 사람들은 그 원인 질환을 정상에 가깝도록 치료해야 한다.

60대 이후의 고혈압 환자에서는 혈압이 높은 것도 문제이지만, 고혈압 치료제를 사용하면서, 혈압을 지나치게 낮게 유지하는 것도 뇌에 혈액 순환을 방해하는 원인이 되기 때문에 피해야 한다. 따라서 60세 이상 환자에서는 수축기 혈압은 130~150mmHg, 이완기 혈압은 60mmHg 이하가 되지 않도록 유의해야 한다.

당뇨병 환자에서는 저혈당이 발생하지 않도록 주의해야 한다. 뇌세포는 당을 연료로 사용한다. 저혈당이 발생하면 뇌세포가 손상되고 그 결과 치매가 발생할 위험이 크다. 특히 콜레스테롤은 뇌세포를 생성하는데 꼭 필요한 물질이다.

특히 HDL 콜레스테롤의 농도가 낮으면 심혈관 질환 발생 위험이 증가할 뿐 아니라, 뇌세포를 재생할 수 없기 때문에 총콜레스테롤 혹은 LDL을 줄이는 것보다 HDL을 유지하는 것이 더 중요하다. 따라서 식물성 기름과 고기, 생선 그리고 달걀 흰자와 노른자를 모두 골고루 먹는 것이 좋다.

그리고 운동은 뇌세포를 유지하고 뇌세포들 사이의 연결을 원활하게 유지하는데 꼭 필요하다. 일주일에 최소한 2시간 반 정도 운동하는 것이 좋다. 운동은 혈액순환을 개선하고 근육을 유지시킬 뿐만 아니라 몸의 균형을 유지하기 위해서 뇌세포들이 서로 연결하는 통로를 활발하게 유지하기 위해서 꼭 필요하다. 두뇌 기능은 뇌세포의 숫자뿐만 아니라 세포와 세포 사이에 상호 교신이 중요하기 때문이다.

마음의 짐, 몸의 병이 된다

800명의 46세 이상의 중년 여성을 38년간 관찰한 연구 논문이 최근 신경과학 잡지에 발표되었다. 기억력 테스트, 성격이 외향적인지 혹은 내향적인지, 신경증적인 문제가 있는지, 스트레스는 어떤지, 공포나 긴장하는 정도, 신경과민증이 있는지 혹은 수면 장애가 있는지 등을 다각도로 조사한 후에 5년마다 설문 조사를 반복하면서 이런 문제들과 알츠하이머 치매 발생과 상관관계가 있는지 조사했다. 결과적으로 중년 이후에 기분 변화가 심하거나 걱정, 질투가 많고 변덕스럽거나 불안증이 심한 사람들에서 알츠하이머 치매의 발생이 높았다.

위의 사례의 성자 씨처럼 자신이 무시당하거나 부당한 대접을 받는다고 느끼는 부정적인 생각은 뇌에 큰 스트레스로 작용한다. 스트레스가 지속되면 잠이 안 오고, 혈압과 혈당이 올라가고, 맥박이 빨라지면서 소화가 안 되고 장 움직임에 장애가 생긴다.

또 면역기능이 나빠진다.

스트레스는 대뇌의 전두엽의 기능에 장애를 초래한다. 전두엽은 감정을 조절하고, 현상이나 사물에 대해서 인지하고 반응하는 기능을 한다. 따라서 전두엽의 기능에 이상이 생기면 지적인 능력이 감소하고 감정 조절에 장애가 생겨서 화를 조절할 수 없다. 이런 상황이 오래 지속되면 인지 기능도 감소해서 대인관계가 나빠지고 사회생활에서 낙오될 가능성이 많다. 결국 우울증을 유발할 수 있는데, 우울증은 노인성 치매를 악화시키는 요인이다.

사람이 살면서 근심, 걱정이 없을 수 없고 스트레스 또한 마찬가지다. 그럼에도 불구하고 긍정적인 사고를 가지라고 하는 것은 다른 이가 아닌 바로 나를 위해서다. 부정적인 생각으로 바꿀 수 있는 건 아무것도 없다. 오직 하나, 내 건강만 나빠지게 할 뿐이다.

치매를 예방하는 가장 좋은 방법은 내 몸이 보내는 신호를 빠르게 알아채면서, 한편으로는 걱정을 물리치고 행복감을 마음 속 깊이 채우는 것이다. 이런 사실은 머리로는 알고 있지만 실제로 마음을 바꾸기는 쉽지 않다. 마음 속 우울감과 걱정, 스트레스가 좀처럼 사라지지 않을 때에는 이것에 집중하기보다 다른 활동으로 기분을 전환하는 것이 필요하다. 산보, 등산, 다른 사람들과 함께 하는 운동, 노래나 악기 연주, 그림 그리기 혹은 춤도 정신적인 스트레스를 다스리는데 좋은 활동이다. 옛사람들은 섭생(몸을 튼튼하게 하고 병이 생기지 않도록 규칙적으로 생활하는 것)의 시작으로 몸을 수고롭게 하고 마음은 편하게 하라고 했는데, 현대에도 꼭 들어맞는 말이다.

10

육아는 시집(본가)에
부탁하라

황선희 씨(가명)는 석 달에 한 번꼴로 병원을 찾아와 진찰을 받는다. 그녀는 잦은 감기와 비염에 시달리는데 원인은 피로 때문이다. 그녀는 세 살 된 아들을 시댁에 맡기고 출퇴근하는 워킹맘이다. 그날도 비염에 대한 이야기를 나누는데 그녀가 푸념을 늘어놓았다.

"저도 친구처럼 친정어머니에게 아이를 맡기면 좋을 텐데요. 친구는 평일 저녁에도 모임에 가거나 친구를 만날 수 있는데 저는 엄두를 낼 수가 없어요."

선희 씨는 매일 아침 집 근처에 거주하는 시어머니에게 아들을 맡기고 출근한다. 아직 아이를 어린이집에 맡기지 않아서 시어머니는 그녀가 돌아올 때까지 하루 종일 손자를 돌보며 보낸다. 선희 씨는 시어머니가 힘들 것 같고 눈치도 보여서 되도록 빨리 퇴근하고 싶지만 야근이 많은 직업이라 그럴 수도 없다고 했다. 그녀가 늦을 때면 남편이 좀 더 빨리 퇴근해 아이를 데리러 간다.

선희 씨는 자신이 늦을 때마다 벌어지는 상황이 부담스럽다. 남편이 얼른 아이를 데려와 집에서 돌보며 저녁을 챙겨먹으면 좋을 텐데, 시댁에서 저녁을 먹을 때도 많고 어머니에게 아이를 씻기는 것까지 맡길 때도 있다. 눈치가 보여서 회사에 있어도 바늘방석이다.

그녀의 이야기를 들으며 내 환자 중 한 명인 이민혁 씨(가명)가 생각났다. 신경성 장염으로 가끔 병원에 오는 그는 40대 초반의 남성으로 그 역시 맞벌이 가정이다. 8세 딸과 4세 아들을 키우고 있는데, 첫 아이를 낳고 육아에 전념하던 아내는 둘째 산후조리가 끝난 후 동네 보습학원 교사로 취직을 했다. 바빠진 부부를 위해 장모님이 월요일부터 금요일까지 집에 거주하며 살림과 육아를 맡아주신다. 그는 장모님에게 미안하고 감사하지만, 한편으로는 불편한 마음도 있다. 가끔 일찍 퇴근할 때에도 아내 없이 집으로 가기가 어색해서 아내가 퇴근할 때까지 밖에서 기다리기도 한다. 장모님이 자신을 위해 따로 밥상을 차려주는 게 죄송해서, 아침에는 직장 근처에서 김밥이나 샌드위치를 먹고, 저녁에는 아예 밥을 사먹고 들어가는 게 생활화가 되었다.

아이들을 위해서 헌신하는 장모님에 대한 고마움이 크지만, 가족들이 똘똘 뭉쳐 있고 자신만 겉도는 것 같아 속상할 때도 있다고 했다. 늦은 밤까지 아내와 장모가 거실에서 같이 텔레비전을 보며 시간을 보내서, 그는 방에서 혼자 책을 보거나 인터넷 게

임을 하다가 삼이 느는 경우가 많았나.

두 사람의 사연 모두 맞벌이 부부의 애환이 듬뿍 들어 있었다. 맞벌이 가정이 점점 늘어가고 있는 추세에 자녀 양육은 사회적 이슈로 대두되고 있다. 친정(처가)과 시댁(본가) 사이의 묘한 신경전이 있는 집들도 있다(물론 친정, 시댁 어느 쪽에서도 맡아줄 수 없는 맞벌이 부부의 경우는, 이마저도 행복한 고민이라고 부러워하지만). 맡겨야 한다면, 아니 맡길 수 있다면 친정(처가), 시댁(본가) 중 어느 쪽에서 맡아주는 것이 좋을까?

친정에서의 육아, 가장 큰 문제는 여성들의 '편안함'

워킹맘들은 이왕이면 친정어머니에게 자녀를 맡기고 싶어 한다. 이유는 시댁보다 좀 더 편해서이다. 하지만 나 역시 아이 둘을 키우며 일했고 오랫동안 주위의 맞벌이 부부를 관찰한 결과, 가능하다면 시댁에 부탁하는 것이 낫다는 생각이 들었다. 젊은 엄마들 입장에서는 불만족스러운 이야기일 수 있으나 한 번 곰곰이 생각해 주기 바란다. 이 문제는 맞벌이 부부의 정신건강을 위해 반드시 짚어봐야만 하는 것이다.

친정에 육아를 부탁할 때 발생하는 가장 큰 문제점은 바로 여성들이 생각하는 '편안함'이다. 즉 친정어머니의 희생이 크다는 것이다. 딸의 입장에서는, 편하니까 좀 더 부탁할 일도 생기고 좀 더 양해를 구할 수 있다. 평일에 친구를 만날 수도 있고, 야근을 해도 좀 더 마음이 편하다. 충분히 자신이 해결할 수 있는 일도 친정어머니에게 의지하는 일이 많아진다.

그럼 사위 입장에서는 어떨까. 사위는 장모님이 결코 편하지 않다(며느리가 시어머니를 불편하게 생각하는 것과 같은 심리일 것이다). 그래서 아내가 늦게 들어오는 날에는 집에 가지 못하고 밖에서 기다리게 된다. 아이를 먼저 찾으러 간다 해도 친정어머니는 사위에게 손주들의 저녁과 씻기는 걸 맡기는 게 미덥지 않아 자신이 그냥 다 한 후 보내려고 한다.

이런 날들이 반복되면 친정어머니는 몸과 마음이 고달파지니 딸 부부에게 원망 또는 야속하다는 마음이 생겨, 딸과 다투기도 하고 사위에게 간섭과 지적을 하기도 한다. 사위는 장모가 고맙지만 눈치가 보이니 점점 기가 죽고 더 불편해진다. 남편과 친정어머니의 불만을 한 몸에 받아야 하는 여성도 힘들어질 수밖에 없다. 결국 어느 누구도 편한 사람은 없다.

시어머니-며느리,
장모-사위 중에서 누가 가장 힘들까?

반면에 시댁에서 육아를 맡는다면 어떻게 될까. 친정에 맡기면 긴장을 '덜' 해도 시댁에 맡기면 긴장을 '더' 하게 된다. 며느리는 시어머니가 편하지 않으므로 평일에 가급적 약속을 잡지 않고 야근을 하지 않는 한 일찍 귀가하려고 노력한다. 야근을 해도 어떻게든 시간을 줄여보려고 '좀 더' 애를 쓴다.

남편 입장에서는 아내가 혹 늦게 들어오더라도 본가에서 저녁을 먹고 아내가 올 때까지 기다릴 수 있는 편안함이 있다. 며느리에게 시어머니의 존재는 여전히 어렵고 잔소리를 듣는 일도 많지만 육아를 맡아주므로 고마운 마음이 생긴다. 시어머니는 육아가 힘들지만 며느리가 일하는 것이 아들 혼자 고생하는 것보다 낫다고 생각하고, 며느리가 자신을 배려하는 모습에 위안을 삼기도 한다(친정어머니는 딸의 고생을 사위의 능력부족으로 생각할 수 있어도 시어머니는 자신의 아들이므로 결코 그렇게 생각할 리 없다. 혹 능력이 부족하더라도 시어머니가 육아로라도 도와야 한다고 생각한다). 친정 입장에서도 딸이 고생하는 건 안타깝지만 사돈댁에서 아이를 봐주시니 사위와 사돈댁에 대한 고마움이 함께 공존한다.

지금 내가 말하는 것은 젊은 엄마들의 '불편한 진실'일 것이다.

물론 워킹맘 입장에서는 친정에 의지해도, 시댁에 의지해도 어려움이 발생한다. 그러나 이왕 맞벌이를 하겠다고 결심했다면 자신과 배우자, 친정어머니(시어머니)의 입장을 모두 고려했을 때 친정만을 선호할 일은 아니라는 것이다.

서로의 입장을 고려할 때 잊지 말아야 할 점은 시어머니-며느리, 친정어머니-사위의 관계는 똑같이 어렵고 불편한 관계이지만 양자간의 갈등이 발생할 때 사위, 즉 남성이 가장 심적인 곤란함을 겪는다는 것이다.

여성은 시어머니와의 관계에서 문제가 발생할 때 어렵지만 대화를 할 수 있고, 시어머니나 남편에게 받은 스트레스를 친구에게 수다로 풀 수 있다. 그러나 남성은 육아와 처가에 관련된 일을 남에게 털어 놓으면 자존심이 상한다고 생각하기 때문에 쉽게 입을 열지 못한다. 더욱이 감정을 표현하는 대화법에 익숙하지 않고 미숙해서 대화로 스트레스를 풀지도 못한다. "내가 열 마디 할 때 우리 아들은 한 마디 한다."고 푸념하는 어머니들이 적지 않다는 사실은 이를 입증한다.

낳아준 어머니와도 대화를 잘 하지 않는데 하물며 장모에게 대화를 청하고 친밀하게 굴기가 쉽겠는가. 가끔 텔레비전에서 장모에게 아들보다 더 친근하게 구는 사위는, 정말 '위대한 별종'이 아닐 수 없다. 여성은 시어머니와의 갈등이 생기면 남편에게 쏟아놓지만, 남편은 상처가 곪아서 터지기 전까지 아내에게 내색하지 않는 경우가 대부분이다. 아내가 상황을 파악했을 때 이니 때는 늦은 것이다.

남자는 자존심, 여성은 배려가 필요하다

근래 들어 많은 남성들이 가정에서 설 자리가 없다고 느끼고 자존심에 상처를 입는 경우가 많다. 가정의 중심은 부부이다.

부부의 관계가 소원해지면 아이들의 행복도 멀어진다. 부부 관계를 유지하는데 가장 중요한 힘은 사랑이지만, 이는 부부의 관계 친밀도에 따라 달라진다.

여성은 남성의 사랑과 배려를 원하고 남성은 존경과 사랑을 원한다. 특히 자존심은 남자의 모든 것이라고 해도 과언이 아니다. 아무리 사랑하는 사이라도 자존심이 상한다고 느끼면 사랑은 빛을 잃는다. 아내와 아이들의 안녕과 행복이 가장이 없어도 지켜진다면 그 가장의 자존심이 잘 유지될까? 가장의 자존심을 살리고 자발적으로 육아와 가사에 참여하는 것이 가장 바람직하다고 할 때, 처가에서 육아를 담당하면 남자의 책임감과 가사 참여가 약해질 수밖에 없다. 남자는 자존심이 상하면 자기 방어적이고 배려가 없이 편협해지기 때문에 부부 관계뿐만 아니라 일반적인 사회생활에도 좋지 않은 영향을 미친다.

아이들에게 아버지의 존재는 엄마와 마찬가지로 매우 중요하다. 아버지는 단단하고 안전한 울타리이고 어떤 어려움이 있든지 지켜주고 책임을 지는 존재이다. 어머니가 감성적이고 사랑을 주는 존재라면 아버지는 이성적이고 자녀를 객관적으로 바라보는 존재이다. 자녀의 양육에는 양 부모의 균형 있는 사랑과 배려가 필요하다. 이민혁 씨처럼 아이들이 외할머니에 의해서 양육되면 아버지의 역할이 적어질 수 있다.

육아는 시집에서 담당해야 남편의 자존심도 살리고 아이들이 아빠와 같이하는 시간도 많아진다. '남자는 자존심을 먹고 자라고 여성은 배려를 먹고 자란다.'는 말이 있다. 맞벌이 부부가 조금이라도 마음이 편해지기 위해서 그리고 노년의 부모들이 조금 덜 고생하기 위한 방법으로, 꼭 생각해 보았으면 좋겠다.

11

수다건강법

벌써 10여 년 전의 일이다. 의과 대학에서 교수로 일하던 중에 생각지도 않았던 기회가 왔다. 바로 다국적 헬스케어 기업에서 의학 고문으로 일하지 않겠느냐는 제안이었다. 신장내과 전문의 경력을 인정받아서 미국에서 가장 일하고 싶은 100대 기업 중의 한 회사에서 중책을 맡게 되니 조금은 두려웠지만, 행복한 도전이라고 생각하고 덥석 옮겼다.

주위의 동료나 선배들이 걱정하고 격려도 해 주었는데 그때는 새로운 일에 대한 설렘 때문에 조언이 귀에 잘 들어오지 않았다. 회사에서는 주로 영어를 사용하게 되었다. 내가 담당한 지역은 처음에는 일본, 그 다음에는 한국부터 인도까지 아시아 전역이었다. 첫 1년은 적응하느라고 몸이 고된지도 모르게 뛰어 다녔다. 아시아 쪽에서 움직이는 비행기들은 왜 그렇게 밤 비행기가 많은지, 서울에서 밤에 떠나면 현지에는 새벽 한 두시에 도착하고 그 다음날부터 강의다 회의다 하면서 참 바쁘게 돌아 다녔다. 낯선 곳에서 영어로만 소통하게 되니까 머릿속은 더 복잡했다.

그런데 참 이상한 일이 벌어졌다. 영어가 서툴고 회사가 낯설었던 첫 해가 지나고 영어가 어렵지 않게 되었는데도 말문이 트이지 않았다. 강의는 했지만, 회의에서도 의견을 피력하고 싶지 않고, 현지 직원들과도 대화하고 싶지 않았다. 나는 어느 한 나라에서 정착하는 것이 아니라 각 나라를 돌아다니면서 현지의 직원, 의사 그리고 간호사들을 만나야 했는데, 정보를 주고받는 말은 나누지만 마음을 나누는 대화를 하는 기회가 줄었다. 또한 중국식 영어, 인도식 영어, 태국식 영어 등 영어는 영어인데 참 달랐다. 각 나라의 말과 문화가 다른 만큼 속을 드러내는 대화를 하기 어려웠다. 말은 하지만 대화는 아니었다고 할까? 2년 근무하고 나니 체중이 7kg이 늘었고, 지방간과 고지혈증도 생기고, 어깨와 등에 통증이 심해서 마사지를 받지 않으면 강이나 회의에 참석할 수 없는 지경까지 갔다. 이런 건강 상의 이유로 내가 하던 일을 중단할 수는 없었다.

몸에서 보내는 신호를 무시하고 다니다 보니 다리가 붓고 몸이 무거워지고, 슬그머니 부정맥도 생겼다. 짜증이 늘어난 것은 물론이고 한국으로 돌아와도 대화하고 싶은 마음이 없어졌다.

물론 감기도 달고 살았다. 어느 날부터인가 직장에서 하는 일이 무의미하게 느껴졌다. 남들이 부러워하는 직업이고, 대우도 잘 받는 직장인데도 불구하고 행복하지 않았다. 아무리 좋은 곳으로 짬짬이 여행하는 기회가 있어도 재미를 못 느꼈다.

결국 나는 최악의 스트레스에서 벗어나기 위해서 퇴직했다.

퇴직한 후에 깨달았다. 내 스트레스의 실체는 말문이 막혔기 때문이었다. 단순히 정보를 공유하기 위한 말이 아니라 내 마음을 표현하고 공감을 얻어낼 수 없어서 생긴 스트레스였다. 말은 생각과 감정을 표현하는 수단이다. 감정과 생각을 표현하고 다른 사람과 공감을 나누는 것은 인간의 본성이다. 내가 외국으로 돌아다니면서 고생한 스트레스는 육체적인 고단함도 있었지만 정신적으로 공감이나 친밀감을 쌓지 못한 것이 가장 큰 원인이었다.

말하면 속도, 건강도 후련해진다

내가 겪은 스트레스와 유사한 상황은 우리나라의 직장에도 빈번하다. 2014년에 직장인 855명을 상대로 한 설문 조사에서 전체 응답자의 87.8%가 직장생활에서 얻은 스트레스 때문에 정신적, 육체적인 증상이 있다고 했다. 많은 직장인들이 스트레스가 입사 초기보다 심해지고 있다고 대답했다. 스트레스의 원인은 가장 많은 것이 과로, 그 다음은 인간관계라고 했다. 직장 내에서 용감한 사람의 으뜸으로 "할 말 다 하는 사람"을 꼽은 것은 참 흥미롭다. 할 말을 다 하는 사람이 용감한 사람이라면 대부분은 할 말을 못하고 산다는 뜻이다.

미국의 텍사스에 있는 서던 메소디스트 대학의 심리학자들은 감정을 숨기고 표현을 억눌렀을 때 자율신경계에 생기는 변화를 연구했다. 연구 대상자들에게 슬픈 영화를 보여주고 감정을 표정이나 말로 표현하지 못하도록 한 후에 자율신경계의 변화를 관찰하였다. 감정을 억누르고 표현을 자제하면 즉시 자율신경계에 이상이 발생한다. 자율신경계는 우리 몸에 저절로 반응하는 신경계인데 심장박동, 혈압조절, 소화기능, 장 움직임 등 생명과 관련된 모든 것이 여기에 해당된다. 특히 혈압을 올리고 말초혈액순환을 방해하는 교감신경이 자극을 받아서 손발이 차고, 입이 마르는 증상이 발생하면서 우울한 기분이 오래 지속되었다. 이는 "말이라도 해버리니 속이 후련하다."라는 표현을 의학적으로 증명한 것이다. 감정을 제대로 표현하고 대화가 통하면 건강도 좋아진다.

인간이 다른 동물과 큰 차이점 중 하나가 말과 글로 자신의 감정과 생각을 표현할 줄 아는 것이다(물론 동물도 나름의 언어가 있다. 우리가 알 수 없는 영역이라 그렇지만). 또한 사람과 사람 사이에서 교류를 하며 마음을 나누는 행위를 통해 자존감과 존재감을 찾아간다. 내 마음을 진심으로 알아주는 이가 없는 사람은 금은보화를 쌓아놓아도 불행할 수밖에 없다. 홀로 있는 시간을 즐기는 내향적인 사람들도 절대 고독을 반기지 않는다.

아무리 일상이 바빠도 너무 일 중심적으로 움직이지 않았으면 한다. 일 때문에 당신 곁의 사람들과 친분을 나누는 일에 소홀히 하지 않기를 바란다.

1. 음식은 골고루 섭취한다
   모든 영양소는 서로 조화를 이루면서 작용한다. 어느 한 가지가 넘쳐도 빠져도 건강에 좋지 않다.

2. 단 음식을 피한다
   심혈관 질환과 비만의 가장 중요한 원인이다.

3. 음주와 흡연은 금한다
   심혈관 질환과 암 발생에 중요한 원인이다.

4. 수면시간을 충분히 확보한다
   수면 시간은 6~8시간이 보편적이다. 너무 적어도 많아도 좋지 않다. 수면은 손상된 세포가 치유되는 시간이고 깨어 있는 동안 학습한 내용을 정리하고 저장하는 시간이다.

5. 적당히 운동한다
   적당한 유산소 운동과 근육운동은 심혈관 질환을 방지하고, 뇌세포의 기능을 유지하는 데 꼭 필요하다. 그러나 지나친 운동은 세포를 녹슬게 하는 활성산소의 발생을 유발하여 건강에 해롭다.

6. 앉아있는 시간을 줄인다
   근육이 약해지고 혈관이 손상되면서 대장암이나 전립선암과 같은 암 발생의 위험이 높아진다.

7. 걱정과 의심을 하지 않는다
   걱정이나 의심은 문제의 해결에 도움이 되지 않고 오히려 집중력을 방해하고 신체 에너지를 떨어뜨린다. 걱정과 의심은 스트레스로 작용되어서 심혈관 질환 그리고 암 발생의 위험을 높인다.

8. 적당한 체격을 유지한다
   많은 이들이 비만만 신경 쓴다. 물론 비만인 경우는 적정 체중으로의 감량이 필요하다. 그러나 저체중은 비만보다 더 나쁘다.

9. 사람들과 친밀한 관계를 유지하라
   정신 건강에 중요하고 삶의 질을 개선시키고 삶에 대한 의욕을 고취한다.

10. 내 몸이 주는 신호에 귀를 기울여라
    두통, 복통, 피부질환, 피로, 급격한 체중 감소 등 흔한 증상이 반복되거나 오래 갈 때 반드시 이유를 확인한다.

PART 4

암 검진,
맹신은
금물!

1

암 검진,
꼭 필요한가?

1970년에 만들어진 미국 영화 〈러브스토리〉는 그 시절에 학창 시절을 보낸 사람들에게 명화 중에 명화다. 특히 여자 주인공이 백혈병으로 사망하는 비극적인 장면에서는 눈물을 흘리지 않은 사람이 없을 정도로 감동적인 영화로 기억되고 있다. 〈러브 스토리〉가 백혈병 환자가 등장하는 비극적인 사랑이야기로 전 세계에서 히트한 후에 각종 암으로 주인공이 세상을 떠나는 영화가 많이 있었다. 1970년대에 백혈병을 비롯한 대부분의 암은 멀지 않은 기간에 사망할 수 있는 무서운 병이었지만, 이제는 백혈병을 비롯한 각종 암이 곧 사망을 부르는 질병은 아니다. 과거에 비해 의료기술이 비약적으로 발전한 덕분이다.

국가 암검진 제도, 사망률을 낮추다

2012년 국가암 정보센터에 의하면 우리나라 사람들의 사망

원인은 암, 심장질환, 뇌혈관질환, 자살 그리도 당뇨병의 순으로 많다. 인구 10만 명당 암으로 사망하는 사람의 비율은 116.5 명으로 심장질환이나 뇌혈관 질환으로 사망하는 비율인 52.5명과 51.1명과 비교하여 2배 이상 많은 무서운 질환이다.

아직까지 암은 가장 많은 사망의 원인이긴 하지만, 암에 걸렸어도 생존하는 사람이 점차 많아지고 있다. 우리나라 국민 중 암을 진단받았던 경험이 있는 사람은 123만 명으로, 이는 인구 10만 명 중 2.5명에 해당한다. 또 암환자 3명 중 2명은 암을 진단받은 후 5년 이상 생존한다. 5년 생존률이 가장 높은 암은 갑상선암으로 100.1%인데, 갑상선암으로 진단받지 않은 사람들보다 오히려 더 오래 산다는 뜻이다. 전립선암은 92.3%, 유방암은 91.3%, 대장암은 74.8%로 생존률이 높은 편이고 위암은 57.9%, 간암 30.1%, 폐암 21.9%로 비교적 낮다. 췌장암은 8.8%로 매우 낮다.

암에 걸렸어도 생존 기간이 연장되었고, 초기 암일 경우에는 완치율도 좋아지고 있다. 이제 더 이상 암이 곧 사망을 뜻하는 병은 아니게 된 것이다. 그러나 여전히 암은 사람들에게 공포로 다가온다. 암을 치료하기 위한 경제적 비용도 원인 중 하나다. 우리나라에서 암환자를 치료하는 경제적인 비용은 14조 26억 원에 달한다. 이 비용은 우리나라 5대 사망 원인(암, 뇌혈관질환, 심혈관질환, 자살, 당뇨) 전부를 치료하는 비용의 43%를 차지하니 가히 압도적이다. 더욱이 이 비용은 직접 치료에 필요한 비용인 직접비용만을 고려한 것이고 부수적인 간접비용은 계산되지 않았는데, 간접비용이 직접비용의 1.7배에 달할 것으로 추산한다.

우리나라에서 국가 암 검진 사업에서 시행하는 암인 위암, 대장암, 폐암, 간암, 유방암, 자궁경부암의 생존률이 미국, 캐나다, 일본 등과 비교하여 15% 정도 높다. 특히 1993년에서 1995년의 생존률과 2007년에서 2011년 사이의 생존률을 비교하면 위암은 26.6%, 대장암은 19%, 간암은 17.9%, 폐암은 9.4% 개선되었다.

이런 결과는 국가 암검진을 시행해서 암을 조기에 발견하기 때문인 것으로 생각된다. 따라서 우리나라 국민에서 흔한 5대 암 검진은 **반드시 필요하다**. 우리나라에서 5대 암 검진에 해당 되는 사람들 중에서 실제로 암 검진에 응하는 비율은 67.3%이다. 아직도 검진 대상자 3명 중 1명은 검사를 하지 않고 있다. 건강보험공단에서 시행하는 암검진을 반드시 하는 것이 좋다.

신기한 것은, 우리나라 사람들이 건강염려증 때문에 불필요한 검진을 남발할 정도로 건강염려증이 만연해 있는데, 막상 공단에서 진행하는 암검진에 응하는 비율은 67.3%밖에 안 된다는 사실이다. 건강이 걱정되긴 하지만 막상 병원 검진을 무서워하는 사람들, 공단 검진에 신뢰를 하지 못하는 사람들이 많은 탓이다.

검진보다는 건강기능식품, 건강에 좋다는 음식 등을 믿으며 굳이 병원을 가지 않아도 된다고 생각하는 것이다. 나름대로 건강하니까 굳이 시간을 내 검진 받을 필요가 없다고 생각하는 사람들도 있다.

검진의 역할은 명확하다. 사망률 높은 질환인 암을 조기에 발견하여 생존율을 높이고, 암으로 인한 고통을 줄여서 삶의 질도 향상시키려고 하는 것이다. 이러한 검진의 역할을 대신할 수 있는 다른 수단은 없다.

2

전이?
확률과 진실을 구분하라

"지난 2주 간 아주 지옥이었어요. 건강검진에서 유방 촬영을 했는데 유방에 이상소견이 있다고 하면서 정밀 검사를 하라고 하지 않겠어요? 그래서 유명한 대학병원에서 유방 촬영과 유방 초음파 검사, 그리고 유방조직검사까지 했어요. 조직검사 결과가 나오기 전까지 내가 유방암에 걸렸다고 생각하니 살날이 얼마 남지 않은 것 같고 얼마나 무서운지 집안 식구들과 다 울고 난리도 아니었죠. 근데 양성종양이라고 하네요. 1년 후에 다시 검사하기로 했어요."

고혈압으로 우리 병원에서 진료를 하고 있는 50대 여성 조옥녀 씨(가명)가 하는 말이다. 남편의 직장에서 제공하는 종합검진을 하다가 생긴 일이었다. 옥녀씨는 우리나라 여성에서 흔한 유방조직이 치밀한 치밀 유방이었고, 여기에 작은 덩어리가 의심되었는데 조직검사 결과 지방 덩어리로 밝혀졌다. 옥녀 씨와 같이 암을 의심해서 정밀 검사를 했더니 암이 아닌 경우는 행운이라고 할 수 있지만, 암이 있었는데도 검진에서 발견하지 못해서 검진

후 1년 이내에서 진행된 암으로 진단받는 경우도 종종 있다.

검진결과 양성인데,
암 아닐 확률 있다

검진 결과에서 암이 의심된다는 소견을 확인해도 미리부터 암으로 단정하고 실망할 필요는 없다. 모든 검사 방법에는 오류가 있기 마련이기 때문이다. 유방암 검사에서 양성으로 나온 사람이 실제로 유방암에 걸렸을 확률은 얼마나 될까? 2013년 국내에 번역 출간된, 독일 심리학자 게르트 기거렌처의 책 〈숫자에 속아 위험한 선택을 하는 사람들〉에는 이런 내용이 나온다.

"유방암에 걸린 환자가 검사에서 양성으로 나올 확률은 90% 이다. 그러나 유방암이 없는 환자에서도 양성으로 나올 위양성이 7%이다."

이 책에서는 유방암이 있는지 없는지 알지 못하는 사람들이 검사를 했을 때 양성으로 나온다면 진짜 유방암에 걸렸을 확률이 얼마인지에 대해서 주목한다. 건강한 여성 1,000명 중에 증상이 없는 유방암이 있을 확률은 0.8%이다. 즉 1,000명 중 8명뿐이다.

유방암이 있을 확률 0.8%는 1,000명 중에 8명이다. 따라서 유방암이 없는 사람은 992명 즉 99.2%에 해당한다. 유방암 검진에서 유방암이 있는 환자의 90%가 양성으로 나온다면, 실제로 유방암이 있는 8명 중 7명은 양성으로 나온다. 그런데 유방암 검진은 위양성의 확률이 0.8%이므로 유방암이 없는 환자 992명 중 약 7명에서 위양성이 나온다.

즉 1,000명의 유방암 증상이 없는 사람을 검진하면 이중 유방암이 있는 사람 8명 중 7명은 검사에서 양성이고 또 유방암이 없는 사람에서 992명에서도 0.7%는 양성으로 나온다. 따라서 유방암 검진을 한 1,000명 중에서 진짜 암이 있는 8명 중 7명이 양성이고, 유방암이 없는 정상인 중에서도 약 7명은 위양성으로 나올 확률이 있으니까, 결과적으로 유방암 검진에서 양성인 사람이 실제로 유방암이 있을 확률은 50%에 불과하다(게르트 기거렌처, 숫자에 속아 위험한 선택을 하는 사람들. 2015. 60-62).

이렇듯 검진의 정확성과 관련된 문제는 유방암 검진뿐만 아니라 어떤 종류의 검사에서도 존재한다. 따라서 검진에서 암이 의심되는 문제를 발견하였더라도 보충 검사에서 암으로 확진되기 전까지는 미리 실망하고 걱정할 필요가 없다.

암이 퍼질 확률 있다 ≠ 암이 퍼졌다

"어, 체중이 많이 빠졌군요."

오랜만에 만난 우진 씨(가명)를 보고 놀라지 않을 수 없었다. 박우진 씨(가명)는 50대 중반의 은행원으로 두 달에 한 번씩 대학병원에서 진료를 받고 고혈압 약을 처방받는 고혈압 환자였다. 내 진료실에도 가끔 발걸음을 했는데, 오랜만에 만난 그의 얼굴이 수척해져 있었다. 그는 보스톤 마라톤에도 출전한 적이 있는 마라토너이면서 철인 3종 경기도 하는 철의 사나이이다. 중키에 다부진 체격이었는데, 육안으로 보기에 최소한 5~6kg 이상 빠진 듯했다.

　'그 사이에 일이 좀 있었다.'고 답하는 우진 씨의 얼굴에서 심상치 않은 기운이 보였다. 그는 두 달 전에 대학병원에 방문했을 때 정기 검진으로 위내시경검사를 받았는데, 표재성 위암이 발견되었다고 했다. 내시경으로 암을 제거하는 시술을 받았고, 2주만에 병원에서 결과에 대한 상담을 받았다.

　"위점막에 국한된 표재성 위암이긴 한데, 우진 씨의 암과 같은 경우에 점막 밑까지 퍼져 나갔을 확률이 10% 정도 있습니다. 위의 일부를 제거하는 수술이 필요합니다."

　암 진단에 대한 충격에서 벗어나지 못했던 우진 씨 부부는 암이 이미 퍼져 나갔을 가능성이 있다는 유명 대학병원 전문의의 의견에 그저 따르게 되었다. 수술을 위해서 입원을 한 후에 외과 의사와 상담을 하면서 위의 2/3를 잘라낼 것이라는 사실을 알게 되었지만, 암을 완전히 뿌리 뽑을 수 있다면 감수할 일이라고 생각했다.

위를 2/3를 제거하는 수술을 하고 1주일 후에 제거한 위에서 암세포가 전혀 발견되지 않았다는 결과를 받았다. 암세포가 발견되지 않았다는 결과를 받고 보니 수술을 한 것이 잘한 것인지 의문이 들었고, 안 해도 되는 수술을 해서 아까운 위만 잘라낸 것은 아닌지 하는 생각에 마음이 복잡해졌다. 수술한 의사는 암이 없어서 다행이라고 했지만, 아까운 위의 2/3를 영영 잃어 버렸으니 앞으로 계속 하루에 6끼씩 먹으면서 식이요법을 하면서 살아야 한다면 삶의 질이 수술 전과 결코 같지 않을 것 같아서 더욱 우울해졌다. 나는 우진 씨의 이야기를 들으면서 같은 의사로서 참 부끄럽다는 생각이 들었다.

표재성 암이 위 점막 밑으로 퍼져나갔을 확률이 10%라는 뜻은 암이 진짜 퍼졌다는 말과는 전혀 다르다. 같은 위암을 가진 환자 100명 중 10명에서는 위점막 아래까지 퍼졌고, 나머지 90명은 문제가 없었다는 뜻이다. 따라서 우진 씨가 100명 중 10명에 해당하는지 90명에 해당하는지는 당시로서는 알 수 없는 일이다. 이런 경우에는 위내시경으로 표재성 암을 진단하고 제거한 내과 의사와 위절제를 담당할 외과의사 그리고 복부 CT를 전문으로 하는 방사선과 의사가 같이 회의를 하면서 수술부위 아랫부분까지 암이 퍼진 증거가 있는지, 수술이 필요한지, 수술 후에는 어떨지 등 수술의 장점과 단점 그리고 장기간의 합병증 등을 의논해서 치료 방침을 결정하는 것이 원칙이다.

또한 100명 중 10명에서만 점막 아래로 퍼졌을 위험이 있고 현재 확실한 문제가 발견되지 않았다면, 3개월이나 6개월 후에 다시 검사하면서 수술을 신중하게 결정하는 것도 방법이다. 환자의 입장에서는 급하게 해결해야 할 증상을 느끼지 않는데도 병원에서 이러한 권유를 받았다면, 모든 검사 결과를 지참하고 다른 병원의 전문의에게 2차 의견을 들어 보는 것도 필요하다.

검진에서 암이 의심되는 소견을 받았을 경우에는 그 분야의 전문의의 진료를 받고 암을 확진하기 위한 정밀 검사를 받아야 한다. 정밀 검사의 결과가 나오면 암의 종류, 진행 상태들을 확인하고 치료의 계획을 세운다. 이렇게 치료를 결정할 때 가능하면 2군데 정도의 병원에서 복수의 전문의의 의견을 듣고 환자가 더 믿음이 가는 의사에게 치료를 맡기는 것이 좋다.

이렇게 두 번째 병원에 갈 때 앞서 시행한 검사 결과를 모두 지참하고 가는 것이 중복 검사를 피하고 치료까지 걸리는 시간을 단축할 수 있는 방법이다. 특수 방사선 검사 혹은 CT나 MRI와 같이 방사선 사용량이 많을 경우에는 방사선 조사에 의해서 암 발생의 위험을 오히려 가중시킬 수 있기 때문에 가능한 중복 검사를 피해야 한다.

암으로 판정이 났을 때 내가 치료받을 병원은 가급적 거주지에서 비교적 가까운 곳으로 선택하는 것이 좋다. 대부분의 암 치료는 짧게는 수개월에서 길게는 5년 이상 오랫동안 하는 경우가 많다. 따라서 거주지에서 너무 멀리 떨어져 있는 유명한 의사보다는 거주지 근방에서 본인의 암을 전문으로 치료하는 의사의 진료를 받는 것이 바람직하다. 환자가 의료진과 쉽게 만날 수 있어야 치료 중이나 치료 후에 발생하는 작은 문제까지도 의논할 수 있기 때문이다.

암보다 앞서 치료해야 할 병, 공포와 두려움

수많은 암 검진 및 치료에 있어서, 우진 씨의 사례처럼 전이가 확인되지 않은 상황에서 선제적인 수술을 행할 때가 있다. 암에 대한 공포에 떠는 환자 입장에서는 의사가 수술을 권하면 따를 수밖에 없다. 그러나 한번 잘라낸 조직이나 기관은 다시 복구가 불가능하고, 환자는 그 상태로 평생을 살아야 한다.

그런 점을 생각한다면 환자의 남은 인생을 좌우할 수 있는 수술을 너무 성급하게 결정하고 있는 건 아닐까. 남아 있는 암을 놓칠 수 있다는 공포가 환자뿐 아니라 의사도 사로잡고 있는 것은 아닐까. 의료진의 고민이 필요한 대목이다.

우진 씨처럼 우선 암 조직을 제거한 후 추가적인 수술을 권유받을 때 의사의 말에 따르게 되는 이유는 공포 때문이다. 죽음이

닥칠지 모른다는 두려움으로 냉정하고 합리적인 판단을 하기 힘든 것이다. 병을 치료해나가는 데 있어서 환자의 공포감은 이래저래 도움이 되지 않는다.

심리적인 두려움은 우리 몸의 건강을 악화시킨다. "나는 암이야. 곧 죽을 것이다."라는 공포와 두려움은 우리 몸에서 스트레스로 작용한다. 이런 스트레스는 대뇌의 뇌하수체가 반응하면 부신으로 전달되어서 혈압이 증가하고 혈당이 상승하면서, 입이 마르고 소화가 안 되면서 잠을 잘 수 없는 증상이 발생한다. 더욱이면역 기능이 나빠져서 암과 같은 세포에 대항하는 방어 기능이약해져서 암의 진행 속도가 빨라진다. 또한 우리의 감정을 조절하고 행복감을 느끼는데 꼭 필요한 행복 호르몬인 세로토닌의 분비가 감소되면서 우울해지고 삶의 활력을 잃게 되면서 신체적인건강상태도 더욱 악화된다. 이렇게 심신이 약해진 상태에서는 암치료를 견뎌내기가 쉽지 않다. 마음이 약해질수록 암치료에 대해서 검증되지 않은 각종 치료법에 현혹되기도 쉽다.

암 치료는 반드시 전문의와 상의해서 검증된 방법으로 해야한다. 또 술이나 담배와 같이 암을 악화시키는 생활습관을 건강하게 개선하고, 영양상태를 양호하게 유지하는 것이 암을 치료하는데 꼭 필요하다. 암 치료 후의 회복 정도, 생존기간 그리고 정상생활로 복귀하는 것은 환자의 건강상태에 따라 많이 좌우된다.심신이 모두 양호하고 특히 근육의 양이 많을수록 우수하다.

3

암은 여러 가지
얼굴이 있다

암에 걸렸다고 하면 두려워하지 않는 사람은 없다. 죽음을 떠올리지 않는 사람도 없다. 하지만 앞서 설명한 것처럼 의료기술의 비약적인 발전으로 암은 더 이상 절대 공포의 존재가 아니다. 상당히 많은 이들이 암을 치료하여 완치의 기쁨을 누리고 있다.

암을 이기려면 제대로 아는 것이 필요하다. 그래야 불필요한 공포에서 해방될 수 있다. 암은 종류도 다양하고, 그에 따라 예후도 달라진다. 또한 같은 종류의 암이라도 암의 크기, 위치 그리고 발생한 장소 내에서 퍼진 정도, 발생한 장기의 인접 부위까지 퍼졌는지, 발생한 장기에서 멀리까지 퍼졌는지에 따라 치료법도 다르고 얼마나 오래 살 수 있는지도 다르다. 암을 이루고 있는 세포의 성질에 따라 빨리 자라는 암이 있는가 하면 느리게 자라는 암이 있다. 또 환자의 연령에 따라서도 차이가 있는데 대부분의 암은 노년층과 비교하여 젊은 사람에서 진행이 빠르다. 여기서는 암의 종류별로 특성을 살펴보기로 하겠다.

■ 갑상선암

갑상선암은 진행이 느리고 예후가 좋은 암으로 알려져 있다. 암의 크기가 직경 1cm 미만이고 갑상선 내부에만 존재할 경우에는 당장 수술 치료를 하는 것보다는 치료하지 않고 6개월마다 검사하면서 관찰하다가 수술 시기를 결정하는 것이 좋다는 의견도 많다. 특히 증상이 없는 갑상선암은 치료가 필요하지 않다는 의견과 반드시 치료해야 한다는 의견이 팽팽히 대립하고 있다.

■ 췌장암

진행이 빠르고 치명적인 대표적인 암이 췌장암이다. 췌장은 흉곽과 복강을 나누는 횡경막 바로 아래인 상복부에 위치하는 위의 뒤쪽에서 척추 뼈 위에 걸친 듯이 존재한다. 위치가 뱃속의 가장 안쪽이기 때문에 초음파 검사에서 잘 보이지 않는다.

초음파 검사는 수분, 근육 그리고 지방 등을 초음파가 반사하는 정도에 따라서 영상을 만들어 내는 기술인데, 복부에 장기를 싸고 있는 지방이 많을수록 초음파 검사에서 정확한 결과를 얻기 어렵다.

췌장에 암이 생겨도 초기에는 증상이 거의 없어서 조기발견이 어렵다. 또 췌장의 겉을 싸고 있는 막이 아주 얇고 약하며 혈관이 많이 분포되어 있어서, 췌장에 암이 생기면 혈액을 따라 전신으로 퍼지기도 쉽다. 우리나라에서 5대 암이 모두 과거에 비해서 생존률이 높아지고 있지만 췌장암의 5년 생존률은 9% 정도로 매우 낮게 유지되고 있다. 췌장암은 국가에서 관리하는 5대 암에 포함되지 않지만 사망률은 상위 5위에 들 만큼 높다. 미국과 일본에서도 같은 추세를 보이고 있다.

■ 폐암

폐암은 우리나라 건강보험공단의 5대 암 검진에 포함되는 암이다. 폐암은 폐에 생기는데, 암을 발생시킨 세포의 종류에 따라서 상피세포암과 소세포암으로 구분된다. 상피세포암은 덩어리를 만들면서 자라서 일반 흉부 엑스레이 검사에서 잘 발견되지만, 소세포암은 폐조직에 스며들 듯이 퍼지기 때문에 초기에는 일반 흉부 엑스레이에서는 발견이 잘 안되고 저선량 흉부 CT라는 검사를 해야 확인할 수 있다. 폐암의 5년 생존률은 18.5%로 낮게 유지되고 있다.

암의 종류는 매우 많다. 전 세계적으로 많은 의학자들이 오랫동안 연구한 결과 암의 발생원인에 대해서 다양한 것들이 나와 있지만 아직 명확하게 원인을 찾지 못하는 경우도 많다. 기본적으로 우리 몸에 있는 다양한 세포들이 다 암세포로 변할 수 있다. 그 중에서 비교적 발생 빈도가 높은 암들은 증상이 나오기 전에 미리 검사해서 조기에 치료하기도 하지만, 일단 암이 발생하면 건강을 유지하기 어려울 뿐만 아니라 정신적인 타격 그리고 경제적인 부담도 매우 크다. 이렇게 다양한 얼굴을 가지고 우리의 심신과 삶의 질 모두에 치명적인 영향을 미치는 암을 치료하는 가장 좋은 방법은 예방이다.

4

암을 예방하는
확실한 방법

2013년 초에 미국의 유명한 여배우 안젤리나 졸리가 유방암 발생을 예방하기 위하여 양쪽 유방을 모두 제거했다는 충격적인 뉴스가 있었다. 유방암이 발생하지도 않았는데 미리 건강한 유방을 제거한다는 것이 과연 옳은 선택이었는지 전문가들 사이에서도 의견이 분분했다. 더구나 양쪽 유방을 모두 제거한다고 해도 유방 조직의 일부가 남아 있기 때문에 유방암 발생을 100% 방지할 수 없다.

안젤리나 졸리와 그녀의 주치의들이 이런 극단적인 선택을 한 이유는 무엇일까? 유전자 검사 결과가 이런 결정을 하는 데 가장 중요한 요소였다. 안젤리나 졸리의 모친과 이모 모두 유방암으로 목숨을 잃은 가족력이 있고, 우리 몸에 존재하는 다양한 유전자 중에서 유방암과 난소 암 발생을 막는 유전자인 'BRCA1'과 'BRCA2'에 돌연변이가 있음을 확인했기 때문이다. 가족력이 있으면서 이 두 유전자에 돌연변이가 있는 경우에는 유방암이 발생할 확률이 87% 이상이라는 연구 결과가 있어서 유방 절제라는 극단적인 선택을 하게 된 것이다.

유방암은 환경적인 요인과 유전적인 요인이 공존하는데 여성의 친정 가족 중에 유방암에 걸린 병력이 있다면 20대부터도 유방 방사선 촬영과 유방 초음파 검사를 1년에 한 번씩 해서 암을 조기에 발견할 수 있도록 해야 한다.

난소암도 유전적인 성향이 있는 암이다. 나의 어릴 때부터 친한 친구인 숙희(가명)는 40대 후반에 난소암으로 세상을 떠났다. 어머니께서 50대 중반에 난소암으로 세상을 떠난 가족력이 있었기 때문에 숙희는 40세부터 매해 종합 검진을 하면서 암표지자 검사를 했는데, 암 발견하기 2년 전에 CA125라는 암표지자검사 결과에 약간 이상이 있었지만 별다른 조치를 취하지 않았던 게 화근이었다. 처음 난소암이 발견된 당시에 이미 암이 복막까지 전이되어 있는 중증으로 확인되었다. 숙희가 혈액검사에 경미한 이상을 발견했을 때 미리 치료했다면 지금까지 건강을 유지하지 않았을까 하는 아쉬움이 있다.

가족력 있다면 반드시 암 검진 철저히

우리 몸의 세포들은 생기고, 기능하고 그 기능이 다하면 죽으면서 몸의 정상적인 청소 능력에 따라서 사라지고 또 새 세포로 대치되는 순환을 거듭한다. 암은 이 순환에 이상이 생겨서 새로 생기는 세포의 수가 균형을 잃을 만큼 많이 생겨서 쌓이는 상태이다. 이렇게 빠르게 많이 생기는 세포들이 제 기능을 하지 못하고 정상적으로 기능해야 하는 세포들을 방해할 뿐만 아니라 영양분도 모두 빼앗아 가서 정상적인 세포는 사라지고 기능이 없는 암세포만 남게 된다. 우리 몸에 정상적으로 존재하면서 각 세포들의 특징을 결정하는 유전자들의 일부가 돌연변이를 일으키면 이 돌연변이들이 이상세포 즉 암세포를 발생시킨다. 암을 예방하기 위해서 안젤리나 졸리나 숙희처럼 유전 성향이 있는 암을 앓았던 가족력이 있다면 유전자 검사를 포함한 암 검진이 필요하다. 이런 유전적인 성향 이외에 환경적인 요인이 암 발생에 매우 중요하다. 특히 암의 가족력이 있는 사람들은 암 발생의 위험을 증가시키는 환경을 개선하도록 노력해야 한다.

가장 잘 알려진 환경적인 요인은 담배이다. 담배에 포함되어 있는 각종 화학 물질은 세포의 돌연변이를 발생시킬 만큼 독하다. 담배를 피우면 연기가 닿는 순서대로 구강, 혀, 인후, 식도 그리고 폐를 직접적으로 자극해서 암 발생의 위험을 높이고, 혈액에 녹아들어서 전신을 돌면서 전신의 어느 곳이든 암이 발생할 확률이 높다. 그 중에서 방광암과 고환암 그리고 대장암 등 각종 암 발생의 중요한 위험인자이다.

가끔 이런 말을 하는 사람들이 있다.

"아무리 담배를 피워도 암은 커녕 장수하는 사람도 있던데요."

그렇다. 그런 사람도 있다. 그러나 그렇게 담배에 강한 유전자를 가진 그 사람과 나의 유전적 성향이 같을 것이라는 보장은 누구도 할 수 없다. 나의 흡연으로 인해 고통받는 내 가족과 이웃이 그런 유전자를 소유했을 것이란 장담 또한 할 수 없다. 흡연은 어떤 핑계를 대던지간에 중단하는 게 좋다.

기름진 음식은 대장암과 유방암의 원인이다. 고도 비만일 경우에도 대장암과 유방암 등 암의 발생 위험이 높다. 술도 담배와 함께 암 발생의 위험요인이다. 구강암, 식도암, 간암, 대장암, 췌장암, 유방암 등 각종 암의 발생과 관련이 깊다. 현재는 국가에서 관리하고 있지만 과거에는 건축 자재로 많이 사용된 석면도 폐질환과 폐암을 발생시키는 위험인자로 알려져 있다.

참 흥미로운 것은 유전적인 성향이 알려져 있지 않은데도, 같은 종류의 질병이나 암이 한 집안에서 여러 사람에게 발생하는 경우가 종종 있다. 이는 한집안 식구들은 식생활, 담배나 술에 대한 관대함 등 환경적인 요인을 공유하는 경우가 많기 때문이다. 그렇기에 굳이 유전자 검사를 하지 않아도 우리 집안에 암 환자가 발생했다면 나 역시 같은 환경적 요인으로 인해 그 암에 걸릴 위험에 노출되어 있다고 생각할 수 있다.

아무리 의학이 발달했다 하더라도, 암에 대한 가장 좋은 대처는 예방이다. 2014년 세계 보건 기구에서 권유한 암 예방법은 다음과 같다.

1. 금연
2. 운동, 식이요법, 체중조절
    A. 적당한 운동
    B. 과일과 채소를 많이 섭취하고 지방 섭취를 제한
    C. 적당한 체중 유지
3. 금주
4. 감염 질환 관리
    A. 간암 : B형과 C형 간염 바이러스 보균자는 간암 조기 검진, 어릴 때 간염 예방주사 접종
    B. 자궁경부암 : 인유두종 바이러스(예방주사 있음)
    C. 위암: 헬리코박터 약물치료
    D. 간암 : 간흡충증
5. 직장 내 발암 물질 관리
    A. 폐암, 방광암, 후두암, 피부암, 비강인두암, 백혈병 등
6. 방사선 노출 피하기
    A. 구소련의 체르노빌이나 일본의 방사능 누출 사건과 같은 사고 : 갑상선암, 백혈병 등
    B. 오염된 토양에 의한 방사선 노출
    C. 자외선에 노출

이 외에 가족 중에 암에 걸렸던 사람을 확인하고 그 암의 종류가 유전적인 성향이 얼마나 있는지 확인해야 한다. 국가에서 시행하는 5대 암 검진을 반드시 시행하고 결과를 확인한다.

만일 이상이 있으면 2명 이상의 전문의에게 진료를 받고 치료법을 정하도록 한다.

5

침묵의 '살인자',
스트레스

지난주에는 오랜만에 학교 동창인 김주영(가명)을 만났다.

5년 전 남편과 사별한 주영이에게 특별히 마음이 쓰이기도 했고, 또 적잖은 신세를 지고 있으면서도 일이 바쁘다는 핑계로 만날 기회를 갖지 못하다가, 주영이가 일하는 사무실로 찾아간 것이다.

유난히 작은 체구에 사근사근한 말씨를 가지고 있는 주영이와는 남편 문상에서 만나 이야기한 후에 전화로만 안부를 묻다가, 5년 만에 만나게 되었다. 남편 장례식 때 거의 바스라질 것 같던 야위었던 모습에 비하면 건강을 많이 찾은 듯한 모습이었다.

내가 찾아 간 시간에도 아직 사무실을 떠날 형편이 되지 않아서 내가 사가지고 간 저녁거리를 먹으면서 그간의 소식을 주고받았다. 남편이 떠날 때 고등학생이던 아들이 군대를 마치고, 이젠 좋은 대학에 가서 졸업이 얼마 남지 않았다는 얘기, 지난 여름 휴가 때는 아들과 둘이 여행을 한 얘기 등을 하다가 자연스럽게 주영이의 남편 이야기로 옮겨 갔다.

아프다는 말 한 마디 없이
아팠던 남편

"내가 미련해서 남편을 그렇게 보낸 것 같아."

주영이는 이렇게 말문을 열었다. 말이 없고 책임감이 강하던 남편과, 현모양처 스타일의 주영이는 천생연분이라고 할 만 했다. 전문직 여성이었는데 결혼 후 직장을 그만두고 전업주부로 살면서 남편의 아침식사를 한 번도 거른 적이 없이 준비했다. 직장 일로 늦게 들어오거나 주말에도 나가서 일하는 남편에게 짜증을 낸 적도 없었다고 했다.

남편은 일이 바쁜 동안에 잠을 못 드는 날도 많았다. 세상을 뜨기 전 7년 동안은 주말과 공휴일을 포함해서 하루도 쉬지 않고 일을 했는데, 주영이는 그런 남편이 걱정되긴 했지만 남편이 워낙 일을 좋아했고 또 해야 하는 일이기 때문에, 마음을 편하게 해주기 위해 말리지 못했다고 했다.

"그때 일 좀 줄이라고 바가지라도 긁었으면, 남편이 쉴 수 있었을까? 그럼 그 몹쓸 병에 걸리지도 않았을까?"

깊은 후회가 포함된 말이었다. 한 번도 아프다는 말도, 힘들다는 말도 없었던 든든한 남편이 처음으로 걸린 병이 말기 대장암이라니. 마른하늘에 날벼락이 아닐 수 없었다. 처음 알았을 때 이미 뱃속에 모두 퍼져서 수술이 무의미한 상태였다. 우리나라 최고라는 병원에 찾아 갔다가 "다른 방법이 없습니다. 정리하시죠." 라는 말을 듣고 절망한 얘기와 또 다른 병원에서 "암을 완전하게 는 아니지만 최대한 다 제거해 보겠다."는 말에 고마워서 눈물이 쏟아진 얘기, 수술을 한 후에 세상을 하직할 때까지 1년 반을 항 암제와 대체의학 치료를 받으며 고생한 얘기 등 시간이 어떻게 흘러가는지도 모르게 얘기에 빠져 들었다.

친구는 남편이 휴가 갈 틈도 없이 일하는 것이 안타깝고 속상 했지만, 꼭 필요한 일을 하는 것 같아서 남편이 집중할 수 있도록 참견하지 않는 것이 가장 좋은 내조라고 생각했다고 말했다.

그래서 식구끼리 여행 한 번 가보지 못한 것이 아쉽고 슬프다 며 탄식했다. 그때 강제로라도 쉬게 할 것을, 일주일 정도 쉰다고 일이 잘못되진 않았을 텐데 등 후회는 꼬리에 꼬리를 물고 쏟아 져 나왔다. 나는 위로의 말조차 건넬 수 없었다.

친구는 잔잔히 얘기하다가 한숨 쉬고 눈물이 글썽이기도 하면 서 한참을 얘기했다. 남편이 가고 난 후에 눈물을 쏟아내느라 하 지 못하던 얘기를 눈물을 흘리지 않고 차분히 털어 놓을 수 있 을 때까지 5년이 필요했나 보다. 고인에 대한 의학적 정보가 없어 서 섣부른 판단을 할 수가 없지만, 가장 가까운 아내의 입을 통 해 들은 이야기로 스트레스가 상당했을 것이란 짐작을 할 수 있 었다.

암에 대해 다양한 원인이 있지만 이중 가장 으뜸으로 꼽히는 것이 스트레스다. 스트레스는 만병의 근원이다. 스트레스가 심하면 활성산소라는 노폐물이 많아지는데 이 활성산소는 세포를 자극하고 오랫동안 진행되면 세포의 유전자를 손상시킨다. 또 스트레스가 많으면 면역기능이 약해진다. 세포의 유전자 변형이 일어나면 우리 몸의 면역 기능이 작동해서 손상된 유전자를 치유하거나 상한 세포를 효과적으로 제거해야 하는데 스트레스에 의해서 면역기능이 약해지면 비정상 세포들이 증가하게 된다. 이런 악순환을 거듭하면 암이 발생하는 요인이 된다.

게다가 고인은 일에 집중하면서 충분한 수면을 취하지 못했다. 우리 몸 안에서 각종 이상증상이 나타나면 우리가 자는 동안에 수리되고 재생된다. 그런데 잠을 잘 자지 못하면 세포를 수리하는 기회를 놓칠 수밖에 없고, 이런 악순환은 더 빨리, 더 무서운 결과를 낳게 된다.

한평생 가족을 위해 열심히 산 것이 전부인데, 갑작스럽게 생을 마감하는 가장들의 이야기를 들으면 마음이 아프다. 고인도 고인이거니와 가족은 얼마나 비통하겠는가. 누구나 결혼을 하여 가정을 꾸릴 땐 백년해로를 꿈꾼다. 그러다가 너무 바쁘고 치열한 일상에 익숙해지면서 내가 꿈꾸었던 것을 조금씩 놓게 되는 것이다. 세상에 그 어떤 일도 내 건강보다 앞서지 않는다는 걸 상기하고 하루에 단 10분, 일주일에 단 30분, 1시간이라도 나의 건강을 위해 시간을 투자하자. 건강이야말로 돈을 주고 살 수 없는 것이 아닌가.

스트레스,
다양한 암의 유발인자

"임기수 씨(가명)는 최근에 췌장암을 수술해서 이번 여행을 같이 할 수 없을 것 같다."

선배한테서 날아 온 이메일의 내용은 나를 큰 충격에 빠지게 했다. 기수 씨는 다국적 기업의 고위 임원으로 30년간 일하고 3년 전에 은퇴해서 공기 좋은 지방에서 전원생활을 하고 있었다.

나보다 12년 선배인 기수 씨는 매사에 철저하게 일해서 어찌 보면 일중독이 아닐까 하는 생각이 들 정도로 일을 손에서 놓지 않는 사람이었다. 15년 전에는 전립선암을 제거하는 수술을 받았고, 10년 전에는 척추에 양성 종양이 생겨서 제거하는 수술을 받았다. 2번의 수술을 한 후에 눈에 띄게 체력이 떨어졌지만 쉬지 않고 65세 정년까지 누구보다 열심히 일하고 은퇴했다.

은퇴 후에 산 좋고 물 좋은 시골에 정착한 기수 씨는 처음 몇 달은 유유자적하게 보내는 듯하더니, 다시 다국적 회사의 자문역으로 일을 시작했다. 건강이 회복되었다는 판단을 했을 듯싶다.

그러나 2년 전 가을에 패혈증으로 입원했다. 패혈증은 세균이 혈액까지 침입하여 전신에 염증반응이 나타나는 질환으로 생명이 위험해질 수 있는 중대한 병이다. 다행히 회복되어 퇴원했지만 기수 씨의 면역기능에 이상이 있는 건 아닌지 걱정이 되었다.

그래서 기수 씨의 시골집을 방문해 며칠 간 공기 좋은 그의 집에서 묵으며 그를 살펴보았다. 비교적 건강하게 보이고, 집 주변의 자연 환경이 기수 씨가 건강을 회복하는데 좋을 것 같아서 안심하고 돌아 왔다. 건강한 모습을 만나고 온 것이 1년 전이었는데 췌장암이라니. 믿어지지 않았다.

췌장암은 발견하기 어려운 암이고 5년 생존률도 10% 미만으로 매우 낮다. 기수 씨와 가장 친한 친구인 의학박사인 강원일 선생님에게 전화를 해서 들은 소식은 당초 췌장암이란 말보다 더 나쁜 상황이었다. 췌장암으로 진단하고 이를 제거하려고 개복을 했더니 췌장 주위에 암이 퍼져 있어서 수술을 할 수 없었다는 것이다. 췌장암이 아니고 임파선암(림프종)이 췌장 주위에 퍼져 있는 것이라고 했다. 의료진은 기수 씨에게 암세포의 유전자를 공격하는 새로운 치료법을 시도할 예정인데, 워낙 새롭게 시도하는 치료법이라 결과는 알 수 없는 상태다.

기수 씨와 같은 다국적 기업에서 일한 경험이 있는 나는 기수 씨의 전립선암, 척추종양 그리고 이번의 임파선 암이 해외출장을 비롯한 여러 가지 스트레스와 연관이 있다는 생각을 떨칠 수 없다.

누차 강조하지만 스트레스는 만병의 근원이다. 세상의 모든 질환의 발생원인 중 공통적으로 꼽히는 것이 스트레스다. 스트레스는 면역력을 저하시키고 활발한 신진대사를 저해하므로 몸을 각종 위험에 노출시킨다.

앞서 주영이의 남편과 기수 씨의 경우는 장기간 가해진 스트레스와 함께 수면 장애를 눈여겨 봐야 한다. 두 사람 모두 밤늦게까지 일하느라 잠을 잘 자지 못했을 것이고, 특히 기수 씨는 해외출장이 잦았다. 해외출장을 하면 시차가 생긴다. 아시아권을 다닐 때에는 시차가 없지만 이 지역은 유독 밤 비행기가 많아서 밤을 새우고 이른 새벽에 도착하기 일쑤였다. 이것이 수면 장애의 원인이 되었을 것이다. 미주나 유럽으로 가면 시차가 크고 밤과 낮이 바뀌는 경험을 하는데, 업무를 수행해야 하므로 시차에 상관없이 스케줄을 따라서 움직여야 한다. 이것이 잦거나 장기화되면 당연히 몸에 무리가 갈 수밖에 없다.

간호사, 공장 노동자, 항공기 승무원 등 시차를 무시하고 일하는 사람들에서 유방암(암발생통제지 2006,17:539-45)과 대장암(직업과 환경 의학지 2014,71 Suppl 1:A5-6) 등 암 발생이 높아진다는 연구 결과가 있다. 수면 시간과 질은 우리 건강과 밀접한 상관관계가 있다. 비싼 돈 들여 보약을 먹는 것보다 잠 한 번 푹 자는 게 건강에 더 이롭다는 사실을 잊지 말도록 하자.

6

연령별 필요한
조기 암검진

우리나라의 사망 원인 1위는 암이다. 한국인에게 가장 발병률
이 높은 암은 갑상선암, 위암, 대장암, 폐암, 간암 순이다. 성별로
는 차이가 있는데 남자는 위암, 대장암, 폐암, 간암, 전립선암 순
이고 여자는 갑상선암, 유방암, 대장암, 위암, 폐암 순이다(2012년
통계청 발표).

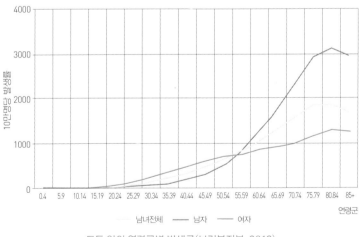

모든 암의 연령군별 발생률(보건복지부, 2012)

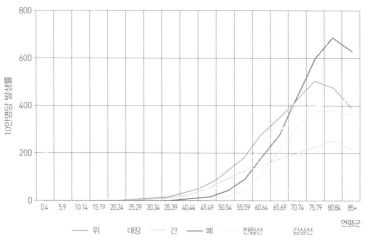

주요 암 연령군별 발생률(남자, 보건복지부, 2012)

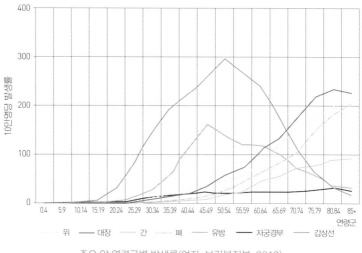

주요 암 연령군별 발생률(여자, 보건복지부, 2012)

종합검진에 절대 목숨걸지 마라

사망 원인별로 보면 남성 사망률 1위의 암은 폐암이며 이어 간암, 위암 순이었다. 여성에서도 폐암이 1위이며 대장암, 위암이 뒤를 잇는다. 대부분의 암은 연령이 증가함에 따라서 발생 빈도가 높아진다. 이에 따라서 우리나라의 건강보험공단에서는 연령에 맞춘 암검진을 시행하고 있다.

소아암을 제외하면 모든 암은 20대 후반에서 발생하기 시작해서 40대를 넘어가면서 발생이 현저하게 많아진다(한국의 암통계: 2012년의 유병률, 사망률, 생존률과 발생률. 암연구와 치료지. 2015; 47: 127-141).

주요 암종별 연령군별 발생률을 살펴보면, 남자의 경우 44세까지는 갑상선암이, 50~69세까지는 위암이, 70세 이후에는 폐암이 가장 많이 발생하였다. 여자의 경우 69세까지는 갑상선암이, 70세 이후에는 대장암이 가장 많이 발생했다. 남녀 모두에서 갑상선암을 제외하면 위, 대장, 간, 폐암은 40대 이후부터 발생이 많아지고, 특히 여성에서 유방암의 발생이 20대 후반부터 시작된다.

우리나라에서 현재 시행하고 있는 암 검진은 이런 암 발생 추이에 잘 맞춰진 프로그램이라고 할 수 있지만, 몇 가지 보충할 것을 제안한다. 물론 이렇게 보완하면 검진에 더 많은 비용이 필요한 단점이 있다. 그러나 진단이 늦어지면 치료비용이 기하급수적으로 증가할 뿐만 아니라 환자들의 삶의 질이 나빠지고 그 결과 국가적으로도 생산성이 악화된다.

앞서 언급한 바와 같이 몸에 특별한 이상이 없는 상황에서의 종합검진은 시간·비용 차원에서 과잉적인 측면이 있다. 검사가 진짜 필요한 순간에 '전에 검진 받았을 때 이상 없었는데.'라고 하며 안일한 대처를 하기도 한다. 그러나 암 검진은 다르다. 국민건강보험공단에서 암 종류별로 검진 연령대와 시기를 정해놓은 대로, 일정 연령 이상이 되면 검진을 받는 것이 좋다. 암에 대한 많은 연구가 이뤄지고 있지만 종류별로 그 발생 원인이 명확하게 밝혀지진 못했다. 분명한 것은 스트레스는 암의 종류를 막론하고 주요 발병 원인으로 꼽힌다는 것이다. 우리나라는 다른 나라에 비해 노동시간이 길고 직장인들의 스트레스가 심하기 때문에 암을 주의할 필요가 있다.

종류에 따라 차이가 있지만 암에 걸리면 치료하여 완치할 때까지 많은 비용이 소모되어 암 환자가 있는 가정의 경제적 부담이 크다. 뿐만 아니라 사망으로까지 이어질 수 있기 때문에 환자와 그 가족의 공포와 불안감도 삶의 질을 저해하고 있다. 때문에 암이야말로 조기 발견하여 치료하는 것이 필요하다. 암은 빨리 발견할수록 치료가 좀 더 쉽고 완치에의 기대를 할 수도 있기 때문에 검진의 효과가 무엇보다 큰 분야이다.

■ 위암

헬리코박터 파일로리균은 위궤양과 위염의 원인균으로 알려져 있다. 2012년 암의 원인과 치료지에 실린 메타분석에 의하면 전체 위암의 발생과 헬리코박터 파일로리균 감염의 상관관계를 연구한 논문 34개를 종합하여 비교 분석한 결과, 모든 종류의 위암에서 혈액 내에 헬리코박터 항체가 있는 환자에서 약 3배 정도 위암이 발생할 확률이 높았다(암의 원인과 조절 2011, Volume 22, pp 375-387).

헬리코박터 파일로리균은 위벽에 염증을 발생시키는데, 이 염증은 위점막에 존재하는 줄기세포의 유전자를 변형시켜서 위암을 발생시킨다. 위암을 방사선 촬영인 위조영술로도 발견할 수 있지만, 위조영술에서 위암으로 의심되면, 확진하기 위해서 조직검사를 해야 하는데 이때 위내시경이 필요하다. 따라서 위조영술을 하고 또 다시 위내시경을 하는 번거로움을 피하기 위해서 처음부터 위내시경을 시행하는 것이 바람직하다. 또 위염이나 위궤양이 반복되는 사람들에서는 반드시 혈액에서 헬리코박터 항체 검사를 시행하는 것이 필요하다.

■ 간암

간암의 가장 중요한 위험인자는 B형 혹은 C형 간염 바이러스 보균자이다. 대부분의 간염 바이러스 보균자들은 어머니가 가지고 있던 바이러스에 의해서 출산 시에 감염되는 것이므로 간염 바이러스에 노출된 시간이 매우 길다. 따라서 **간염 바이러스를 보균하고 있는 환자들의 간암 검진을 30대부터 시작하는 것이 바람직하다.** 또 간흡충증이나 알콜성 지방간으로 간기능에 이상이 있는 사람들도 간암 발병의 위험이 높기 때문에 같은 방법으로 검사가 필요하다.

간초음파 검사와 혈액 내의 간암 표지자(alpha fetoprotein, AFP) 검사는 검사하는데 위험 부담이 거의 없어서 안전하고 비용도 비교적 저렴하다. 간암을 조기에 발견하면 완치하는 확률이 높아지고, 환자가 일상생활에 복귀할 수 있는 기회가 많아지면서 의료비 부담도 적다.

■ 대장암

대장암은 초기에는 증상이 없다. 대장암의 가장 초기 증상은 미세한 장출혈인데, 이 경우에는 대변에서 출혈의 흔적을 확인할 수 있다. 대변에 혈액이 포함되어 있으면 대변 내 잠혈반응 검사에서 양성으로 나타나는데, 이런 잠혈 반응이 대장암의 존재를 나타내는 조기 징후이다. 소고기와 같은 붉은 고기를 많이 먹은 후에도 대변 검사에서 잠혈 반응이 나타날 수 있기 때문에 대변검사를 하기 2~3일 전에는 고기를 먹지 않는 것이 좋다.

대장 내시경 검사는 대장에 고여 있는 대변이 모두 제거되어야

만 대장의 점막을 확실하게 검사할 수 있기 때문에 검사 전날 관장약을 복용하여 장 내의 모든 대변을 빼내야 한다. 단, 설사는 노약자에게는 심한 탈수증의 원인이 될 수 있으므로 검사 전에 의사가 검사대상자의 상태를 면밀히 살피는 게 필요하다.

대장내시경검사 중에 드물게 장 파열, 출혈 등의 부작용이 있을 수 있으므로, 대변의 잠혈 검사에서 이상이 있는 사람에게 꼭 필요할 때 선별적으로 검사하는 것이 좋다.

■ 유방암

2012년 우리나라의 국가 암등록통계에 의하면 유방암은 20대 후반부터 증가하기 시작하여 50~54세에 가장 많이 발생한다.

15세에서 34세까지는 인구 10만 명당 유방암 발생률이 10.8명이지만, 35세에서 64세 사이에서는 119.3명으로 10배 이상 증가한다. 따라서 30세부터는 유방암에 대한 검진이 필요하다. 유방암은 유전적인 성향이 강한 암으로, 유방암의 가족력이 있을 때 발생률이 4배 이상 증가한다.

유방암 검사는 유방을 압박한 상태에서 상하측 및 내외측으로 X-ray 촬영을 하는 것과, 의사가 직접 눈으로 보고 손으로 촉진하는 검사가 기본이다. 여기서 이상이 발견되면 유방 초음파검사를 시행한다. 이외에도 여성 스스로 한 달에 한 번 자가검진을 하여 유방의 이상 유무를 살피는 것이 중요하다. 거울 앞에 선 상태에서 팔을 양쪽으로 붙였다가 머리 위로 올리는 등 움직여보면서 유방의 모양을 살피고, 누운 자세에서 가운데 세 손가락으로 원을 그리듯 유방 곳곳을 눌러서 응어리나 단단한 부위가 없는지 살펴본다.

유방암은 다른 암에 비해 조기에 발견할수록 치료의 예후가 좋다. 생존의 문제 외에도 유방의 형태 변형으로 인한 여성들의 상실감과 스트레스가 심각한 병이므로, 반드시 조기 검진으로 예방을 하는 것이 중요하다.

■ 자궁경부암

자궁경부암은 인유두종 바이러스 감염에 의해서 발생하는 암이다. 인유두종 바이러스는 성교에 의해서 전염되는 일종의 성병이다. 인유두종 바이러스에 감염되어도 증상이 없기 때문에 암으로 발전할 때까지 감염 여부를 확인할 수 없다.

성교를 시작하는 나이가 점차 어려짐에 따라서 자궁경부암이 발생하는 연령도 낮아지고 있다. 영국 국립암연구소의 통계에 의하면 자궁경부암 발생은 25세 이후에 급격하게 많아진다(표 참조). 우리나라에서도 자궁경부암 발생이 20대 이후부터 증가한다. 따라서 20대 중반부터 자궁경부암 검사와 인유두종 바이러스 항체 검사를 시행하는 것이 좋다.

종합검진에 절대 목숨걸지 마라

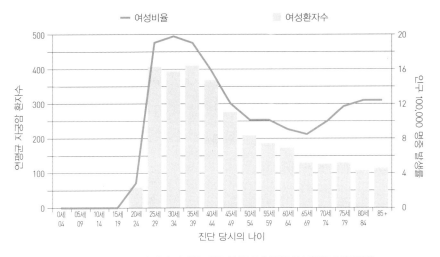

여성비율　　　　　여성환자수

진단 당시의 나이

2009년부터 2011년 사이 발생한 자궁경부암의 연령별 추이(영국 암연구회)

위의 다섯 가지 암은 현재 건강보험공단에서 실시하고 있는 검진 종목이다. 지금부터는 내가 제안하는 추가적인 암 검진에 대한 내용이다.

■ 폐암

폐암은 암을 발생시킨 세포의 형태에 따라서 크게 두 가지로 분류된다. 한 가지는 '비소세포암'(암을 발생시킨 세포가 작은 세포가 아니라는 뜻으로 대부분 상피세포암을 의미한다)으로, 이 암은 뭉치는 성질이 있어서 단순 흉부엑스레이 검사에서 쉽게 발견된다. 반면 '소세포암'은 암세포의 크기가 비교적 작은 편으로, 폐 안에 얇게 퍼지는 성질이 있어서 단순 흉부 엑스레이 검사에서 발견하기가 어렵고 폐의 안쪽까지 모두 볼 수 있는 CT 촬영이 필요하다.

이때의 CT는 공기로 차있는 폐를 잘 볼 수 있도록 방사선 조사의 양을 적게 조절하기 때문에 저선량 폐 CT라고 부른다. 따라서 두 가지 암을 모두 확인하기 위해서는 단순 흉부엑스레이만으로는 부족하고 저선량 흉부 CT를 포함해야 한다.

■ 췌장암

췌장암은 우리나라에서 발생하는 암의 2.4%를 차지하여, 위암이나 대장암 혹은 간암과 비교하면 흔한 암이라고 할 수 없다.

췌장은 복부 안쪽의 깊숙한 곳에 존재하기 때문에 암의 조기 발견이 매우 어려워 발견 당시에 이미 심하게 전이된 경우가 많다.

때문에 췌장암의 5년 생존확률은 9%로 대장암(74.8%)이나 위암(71.5%)과 비교해서 매우 낮다. 다른 암들의 생존률은 차츰 개선되고 있지만 췌장암의 생존률에는 변화가 없다(국립암센터 2014년 자료). 췌장암의 발생은 50세 이후에 급격하게 증가한다. 따라서 암이 발견되는 연령의 10년 전인 40대부터 검진을 시작하는 것이 바람직하다.

췌장암 검진 방법으로는 복부 초음파 검사, 복부 전산화 단층촬영(CT), 자기공명영상(MRI), 내시경초음파(EUS), 내시경적 역행성 담췌관 조영술(ERCP) 등이 있다. 현재 국민건강보험공단의 암검진에는 췌장암을 발견할 수 있는 검진방법인 암표지자 CA19-9 검사가 포함되어 있지 않다. 이 검사는 혈액검사로 진행되는데 정확성이 떨어지기는 하지만, 가족 중에 췌장암 환자가 있거나 당뇨병환자 등 췌장암 고위험군에 있는 사람이라면 정기적인 검진을 받는 게 좋다. 췌장암은 상당히 진행된 후에 발견되는 경우가 많은데, 가장 흔한 전이 장소는 복강이다. 암표지자 중 하나인 CA125는 복강을 둘러싸는 세포에 암이 발생했을 때 혈액 안에 농도가 증가한다. 혈액 안에 CA125가 증가하면 남성에서는 췌장암을, 여성에서는 난소암을 의심할 수 있는데, 위암, 간암, 대장암 등 어떤 암이라도 복강 내로 전이한 것을 의미한다.

췌장암은 남성에서 여성보다 많이 발생하고, 심하게 흡연을 하거나, 음주, 심한 고지혈증(특히 중성 지방)이 있는 환자에서 많이 발생한다. 특히 당뇨병환자는 당뇨병이 없는 사람보다 췌장암에 걸릴 확률이 1.8배 높다(2013년 일본 내분비학회 발표). 또 유전적인 성향이 매우 강하다. 따라서 이런 위험요인을 가지고 있는 사람들은 흡연, 음주와 같은 생활태도 개선과 함께 주기적인 암검진이 필요하다. 췌장암은 발견이 어렵기 때문에 만 40세 이상으로 복부가 이유 없이 아프다거나 소화불량이 있을 때, 급격한 체중 감소, 당뇨 증세 등의 이상이 나타나면 검진을 받는 것이 좋다.

■ 난소암

난소암은 50세에서 70세 사이의 여성에서 발생하는 암으로, 유전적인 성향이 강하다. BRICA라는 유전자를 가지고 있는 사람들에서 발생 확률이 10배까지 높다고 알려져 있지만, 난소암 환자의 90%는 유전적인 성향과 무관하다(American Cancer Society, www.cancer.org). 이는 미국에서 발표된 것으로, 우리나라의 통계는 아직 없다. 그러나 난소암 명의 박상윤 교수는 한 여성지와의 인터뷰에서 "가족력이 있으면 유방암은 70~80%, 난소암은 30~40% 발병한다고 본다."고 하였다. 즉 난소암 환자의 대다수에게서 유전성을 찾을 수 없다는 의미이다.

난소암은 유방암과 연관이 깊어서 유방암이 있었던 환자에서 난소암이 발생할 확률이 높고, 난소암이 있었던 환자에서 유방암이 생길 확률이 높다.

검진 방법은 의사가 초음파검사로 종양의 유무를 확인하고 혈액검사로 암 표지자가 있는지를 살펴본다. 암으로 진단할 당시에 이미 전이되어 있는 경우가 많은데 복강 내 전이가 가장 흔하다. 난소암도 걸리면 CA125라는 표지자가 늘어나기 때문에 CA125 검사가 유용하다. 40세 이상 여성의 혈액에서 CA125가 높다면 복부 CT로 난소와 췌장을 검사하는 것이 필요하다. 난소암도 초기에 증상이 없기 때문에 조기검진이 중요하다. 가족력이 있는 사람이라면 정기검진을 받을 때 혈액검사에 CA125 표지자검사를 포함해 받는 것이 좋다.

■ 전립선암

전립선암은 60대부터 발생빈도가 급격히 증가하는 암이다.

본래 전립선암은 서양에서의 발병률이 높은데, 최근 우리나라에도 발생빈도가 급격하게 증가하고 있다. 조기에 치료하면 생존률이 높고 정상 생활로 복귀가 가능하다. 따라서 50대부터 전립선암 검사가 필요하다.

전립선암의 검진 방법은 전립선 특이항원과 직장수지검사이다. 전립선의 표지자인 PSA는 혈액검사로 확인할 수 있는데, PSA는 전립선암이 아닌 전립선염이나 전립선비대증 같은 질환에도 증가할 수 있다. 직장수지검사는 의사가 항문을 통해 직장 속에 손가락을 넣어 전립선을 촉진하는 검사이다.

증상이 없는 환자에서 PSA가 4.0ng/dL 이상일 때 전립선암이 있을 확률은 94% 이상이다. PSA가 4.0ng/dL 미만이어도 전립선암이 있을 가능성이 있으므로 항문을 통한 전립선 촉진과 전립선 초음파 검사를 병행하는 것이 필요하다.

현재 시행하고 있는 국가 조기 암검진 (국립암센터 권고사항)

	연령	검진 주기	기본 검사
위암	40세 이상	2년	위장 조영술 혹은 위내시경검사
간암	40세 이후 간암의 위험인자가 있는 사람: B형 혹은 C형 간염 바이러스 보균자	6개월	복부 초음파 검사/ AFP(간암, 생식세포 종양에 대한 종양 표지자 검사)
대장암	만 50세 이상	1년	분변 혈액검사 (분변 혈액검사 양성이면 대장내시경 검사)
자궁경부암	만 30세 이상 여성	2년	자궁경부 세포검사
유방암	만 40세 이상 여성	2년	유방 촬영술 + 전문의 촉진검사

■ 개선안

	연령	검진 주기	기본 검사
위암	40세 이상	1년	위내시경 검사 헬리코박터 세균 검사
간암	30세 이상 간염 B형 혹은 C형 간염 바이러스 보균자 간흡충증 알코올성 지방간	6개월	복부 초음파 검사/ AFP(간암, 생식세포 종양에 대한 종양 표지자 검사)
대장암	만 50세 이상 대장암 가족력이 있으면 44세 이상	1년	분변 혈액검사 (분변 혈액 검사 양성일 때만 대장내시경검사)
자궁경부암	만 25세 이상여성	1년	자궁경부 세포검사 인유두종 바이러스검사

	연령	검진 주기	기본 검사
유방암	만 30세 이상 여성	1년	자가 촉진검사 + 유방 촬영술 + 유방 초음파 검사
폐암	만 40세 이상	1년	흉부 엑스레이 검사 저선량 폐 CT 검사
췌장암	만 40세 이상 당뇨병, 심한 흡연, 음주, 췌장암 가족력이 있는 사람	6개월	복부 초음파 검사 + CA19-9(소화기계 암에 대한 종양 표지자 검사)
난소암	만 40세 이상 여성	1년	CA125 (부인과계 암에 대한 종양 표지자 검사, CA125 양성이면 복부 CT)
전립선암	만 50세 이상 남성	1년	혈청 PSA(전립선암에 대한 종양 표지자 검사)

'현대의 역병' 바이러스 질환, 면역력 강화가 답이다

세계적으로 1만 명 이상의 사망자 발생, 신종플루

2009년 가을 무렵 나는 우리 병원을 방문한 환자에게서 신종 플루를 옮아서 앓은 적이 있다. 나에게 신종플루를 옮긴 것으로 추정되는 40대 남성 환자는 섭씨 39도의 높은 열이 났고 심하게 기침을 하면서도 입을 가리지 않았다. 나의 증상은 처음엔 몸살 부터 시작했는데 다음날에는 열이 나고 온몸이 아파왔고 전신을 바늘로 찌르는 듯한 통증이 계속되었다. 그 전에 앓았던 감기몸 살과는 비교도 되지 않았다. 열은 섭씨 40도에 육박했다.

병원을 휴원하고 근처의 종합병원의 내과에 가서 진료를 받고 인플루엔자 치료제인 타미플루를 처방받았다. 타미플루를 복용 한지 하루 정도 지나자 열이 내리고 몸살도 나아지기 시작했다. 앓는 동안 아무 곳도 가지 못함은 물론, 열이 내릴 때까지 남편과 도 다른 방에서 지냈다. 다행히 합병증 없이 잘 회복되었고 일상으로 복귀할 수 있었다.

당시 우리 병원에 고열에 기침을 하는 환자들이 많이 왔었다. 그들에게 마스크를 착용하도록 하고 손을 소독제로 꼼꼼히 닦는 등 바이러스 전염을 막기 위해 노력했지만, 강한 기침을 타고 떨어지는 비말까지 관리할 수는 없었다.

신종플루는 독감을 일으키는 원인인 A형 인플루엔자 바이러스가 변형을 일으켜서 호흡기를 감염시키는 일종의 독감이다. 2009년에 미국에서 10살짜리 아이의 인두에서 처음 발견된 바이러스이며 H1N1형이었다. 이 H1N1은 이전에는 사람한테서는 발견되지 않고 돼지한테서만 발견되던 바이러스라서 돼지독감이라고도 불렸다. 신종플루는 2009년 멕시코에서 처음 발견됐을 때부터 2010년까지 세계적으로 유행해서 세계보건기구(WHO) 추산 1만8천여 명의 사망자가 발생했다. 다행히 신종플루는 A형 인플루엔자의 아류이기 때문에 인플루엔자 바이러스 치료제인 타미플루가 치료제로 사용되고 있다.

신종플루에 걸린 사람은 열이 나고 48시간 이내에 타미플루로 치료하면 합병증 발생을 현저하게 줄일 수 있다. 또 열이 나는 기간에는 다른 사람들에게 전염시킬 수 있으므로 열이 완전히 떨어질 때까지 자택 격리하는 것을 원칙으로 한다.

중국·홍콩을 공포로 몰아넣은 사스

　2002년 11월부터 2003년 7월까지 중국과 홍콩을 강타한 괴질은 사스(Severe Acute Respiratory Syndrome: SARS)로, 중증 급성 호흡기 증후군이다. 사스는 감기를 일으키는 바이러스인 코로나 바이러스(Corona virus)가 변형된 형태로, 섭씨 38도 이상의 고열과 기침, 심하면 폐렴 그리고 더 심한 경우에는 폐기능 장애로 인한 사망까지 초래할 수 있다. 세계보건기구에 의하면 사스가 유행하던 시기에 사스에 의해서 사망한 사람은 769명으로 중국에서 349명, 홍콩에서 299명으로 사망 환자의 약 84%가 중국과 홍콩에서 나왔다.

　다행히 사스는 우리나라에선 유행하지 않았다. 사스가 유행하던 때에 다국적 헬스케어 기업에서 아시아 담당 의학고문으로 일하고 있었던 나는 해외 출장이 잦은 편이었다. 2002년 말에 사스의 공포가 가장 심할 때에는 회사에서 중국과 홍콩지역으로 출장이 금지되었고, 이후 사스가 완전히 끝날 때까지 중국이나 홍콩으로 출장을 갔다 오면 2주간 집에서 근무하는 자택 격리를 했었다. 사스는 바이러스를 직접 제거하는 치료제가 없었기 때문에 공포가 더 컸다.

　사스에 대해 특별한 치료법은 아직까지 없다. 전염성 때문에 격리치료가 필요하며, 증상을 완화하기 위한 치료를 시행한다.

중동 벗어나 한국 강타, 메르스

2015년 5월 말에는 메르스(Middle East Respiratory Syn-drome: MERS)가 우리나라를 강타했다. 본래 메르스는 중동 지역을 유행하던 질환으로, 이름도 중동호흡기증후군이다. 5월 말에 처음 국내에서 환자가 발생했을 때만 해도 큰 문제가 될 것이라 생각하지 않았지만 이후 환자가 크게 늘어나면서 국민들은 공포에 떨어야 했다. 발열, 기침, 호흡곤란 등이 대표적인 증세로 꼽히지만, 모든 환자가 같은 증세를 나타내는 것이 아니며 증상이 없는 감염자도 있었다. 면역력이 약한 고령자나 기저질환이 있는 사람이 감염될 경우 더 위험하다고 알려져 있으나, 면역력이 비교적 강한 30대에서도 감염자가 나왔고 병세가 악화된 경우도 있어 현재로서는 특정하기가 어려운 상황이다.

메르스도 변형된 형태의 코로나 바이러스가 원인이다. 코로나 바이러스를 제거하는 치료제나 백신이 없어서 증상을 치료하는 방식으로 대처한다.

합병증 유발, 독감

독감은 인플루엔자 바이러스 A 또는 B에 의한 감염성 질환이다. 독감 중 우리에게 잘 알려져 있는 홍콩독감은 인플루엔자 바이러스 A형에 의해 발생한다. 우리나라가 메르스에 시달리는 시기에 홍콩에서는 독감이 유행하면서 홍콩보건성에 의하면 2015년 전반기에 독감으로 사망한 환자가 563명에 달했다. 홍콩에서 유행하는 독감은 대부분 겨울과 봄에 유행하는데 이번에는 여름에 접어들면서 더욱 기승을 부리고 있다.

인플루엔자 바이러스는 워낙 변형을 잘 하기 때문에 해마다 그 해에 유행할 바이러스의 종류를 예상해서 예방주사를 만든다. 현재 홍콩에서 유행하는 독감의 원인은 H3N2인데, 2014년에 우리나라에서 만든 예방주사에는 이것이 포함되어 있지 않아서 현재 유행하는 홍콩독감을 예방할 가능성은 매우 낮다.

독감에 걸리면 기침, 가래, 발열, 오한, 근육통, 식욕부진 등의 증상이 나타나며, 합병증으로 폐렴, 뇌염 등을 유발할 수 있다.

일반적으로 독감을 '독한 감기'쯤으로 생각해 얕잡아보지만, 감기와 동일시해서는 절대 안 된다. 전 세계적으로 해마다 계절독감으로 사망하는 숫자가 30~50만에 육박한다고 하니 결코 무시할 수 없는 질환이다. 접촉, 기침으로 인한 비말로 인해 감염된다.

바이러스는 자주 변형이 일어나기 때문에 백신이 개발되어 있어도 완벽하지 않다. 그래서 예방이 더 중요한 질환이다.

바이러스 질환의 핵심, 전염성

사스, 메르스, 신종플루, 인플루엔자 독감 등의 특징은 강한 전염성이다. 우리나라 메르스 전파사례에서도 알 수 있듯이 환자 한 사람이 다수의 사람을 감염시킬 수 있다. 감염은 직접 접촉과 비말에 의한 감염, 두 가지로 나타난다. 사람의 콧물과 침에 섞인 바이러스가 다른 사람에게 전달되어 감염을 일으킨다. 기침과 재채기를 할 때 튀어나오는 미세한 침을 비말이라고 하는데 이 비말은 한번 재채기할 때마다 최대 분당 160km의 빠른 속도로 분사된다. 기침할 때는 속도가 조금 늦어서 분당 80km의 속도로 분사되는데 2~3m 전방에 있는 사람에게 약 3,000개의 비말이 전달된다(매경헬스, 2015년 6월 4일). 따라서 교실, 병실, 영화관 등 밀폐된 공간에서는 기침이나 재채기를 통해서 이런 바이러스가 전염될 수 있다. 다행히 이런 바이러스들은 사람의 몸이나 비말에서 생존하지만, 비말이 완전히 마르고 난 후에는 생존할 수 없기 때문에 직접 비말이 퍼지는 주위에 노출되지 않는다면 전염이 될 가능성이 낮다.

바이러스 질환이 유행할 때마다 화제가 되는 공기 감염은 말 그대로 병원체가 공기 중에 떠다니다가 사람이 호흡기를 통해 흡입하여 이뤄지는 것인데, 바이러스 입자가 5μm보다 작을 때 가능하다. 바이러스 크기가 이보다 클 때는 공기에 의한 감염의 위험이 매우적다.

바이러스 질환 유행 사례를 살펴보면, 환자들이 집중 발생하는 곳에는 사람들이 많이 모여 있다는 특징이 있다. 사스 때에는 홍콩이, 우리나라 메르스 사태에서는 병원 응급실이 최대의 희생지가 되었다. 양쪽의 공통점은 사람들의 왕래가 잦다는 것이다.

홍콩은 아시아와 유럽, 미국 그리고 오세아니아를 잇는 항공 교통의 중심지 역할을 오랫동안 해왔다. 특히 중국이 개방되고 홍콩이 중국으로 반환된 후에 중국인들이 세계로 나가는 중간 기착지 노릇을 하고 있다. 이렇게 홍콩을 거쳐 가는 여행객의 수가 많다는 것은 그만큼 전염병의 전파도 빠르다는 것이다.

우리나라 메르스 사태 때 감염지가 병원이었던 것도, 그곳에 많은 이들이 드나들기 때문이었다. 한국 특유의 간병, 병문안 문화가 한 몫 했다는 얘기도 들린다. 때문에 전염성 강한 바이러스 질환을 예방하기 위해서는 감염 경로를 찾아내 차단하는 게 필요하다. 의료진과 환자간 감염도 주의해야 할 대목이다.

가장 좋은 바이러스 질환 치료제, 예방

바이러스는 증식하면서 세포 고유의 기능을 마비시키고 이 과정에서 우리 몸의 면역체계를 교란시키고, 세균이 침범할 수 있는 기회를 제공한다. 따라서 인플루엔자 바이러스나 코로나 바이러스에 감염되면 초기에는 인후염, 더 깊이 침범하면 폐렴이 생기고 전신적인 면역기능 장애가 생기면서 세균에 감염된다. 이 과정에서 폐기능이 약해지고, 전신에 세균의 독성이 침범하는 패혈증이 생기면서 폐기능 부전, 신부전증, 간기능 장애 등이 발생한다.

폐는 우리 몸에 산소를 공급하는 기능을 하는데 폐가 망가지면 우리 몸에 산소 공급이 안 되어서 사망하게 된다.

위에서 언급한 바이러스 질환들은 세균을 제거하는 항생제는 효과가 없고 바이러스를 제거하는 항바이러스제가 필요하다.

인플루엔자 바이러스는 타미플루라는 항바이러스제로 제거할 수 있지만 다른 바이러스들은 아직 제거하는 치료제가 없다.

예방주사는 이런 바이러스를 죽은 상태로 주사하거나 아니면 아주 미세한 양의 살아 있는 바이러스를 주사해서 우리 몸이 항체를 준비할 수 있도록 돕는다. 항체는 주사 후 2주 이상 지나서 형성되기 시작하는데, 항체가 우리 몸에서 유지되는 기간은 바이러스의 종류 혹은 예방 주사의 종류에 따라 다르다. 계절 독감에 대한 예방주사는 대개 6개월 정도 효과가 유지된다.

세계보건기구에서 해마다 그 해에 유행할 가능성이 있는 인플루엔자 바이러스를 예측하면, 각 예방주사 제조사들은 거기에 맞는 예방주사를 제조한다. 예방주사를 맞은 후 항체가 충분히 만들기 위해서는 약 4주간의 시간이 걸리기 때문에, 계절 독감이 유행하는 가을부터 봄까지를 대비하기 위해서 9월 초부터 예방주사를 맞도록 하고 있다. 코로나 바이러스에 대한 예방주사를 개발하는 중이라고 하니, 앞으로 독감 예방주사와 같이 상용화되는 날이 오기를 기대해 본다.

그러나 사람이 아무리 좋은 예방주사를 만든다고 해도 바이러스의 변형을 다 따라잡기는 거의 불가능하다. 인간과 바이러스의 창과 방패 싸움은 오래도록 계속될 것이다. 그렇다면 바이러스 질환에서 나를 지키는 방법은 무엇일까?

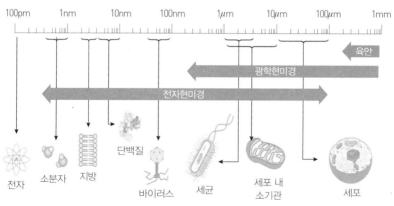

세포, 세균, 바이러스의 크기 비교(http://www.microbiologyinfo.com/에서 발췌함)

위에서 언급한 바이러스 질환들은 고열과 기침으로 시작해서 심한 폐렴, 폐기능장애 등으로 진행하는 속도가 매우 빠르다. 항바이러스제가 있다면 초기부터 사용해서 바이러스의 증식을 막는 것이 가장 좋다. 그러나 바이러스를 죽이는 치료만큼 중요한 것이 환자의 증상과 그에 따른 문제를 해결하는 대증적인 치료이다. 따라서 질병의 진행을 아는 것이 매우 중요하다.

처음에 고열과 기침이 있을 때는 열을 내리고 기침을 조정하는 치료를 하면서 환자의 상태를 관찰한다. 환자의 면역기능이 유지되려면 영양상태와 개인위생 유지가 필요하다. 열이 높으면 밥맛이 없고 식사를 못하면 면역기능이 더욱 나빠지기 때문에 충분한 영양을 공급하는 것이 중요하다. 또한 환자는 면역기능이 매우 떨어져 있는 상태이기 때문에, 다른 세균이나 곰팡이 균과 같은 미생물에도 취약하다. 추가적인 감염이 이뤄지지 않도록 꼭 필요한 의료 인력을 제외하고 외부 접촉을 금해야 한다. 환자에게 세균 감염의 징후가 보이는지, 수시로 확인하고 세균 감염이 의심되면 과연 그 원인균은 무엇인지를 파악해서 적절한 항생제 치료가 필요하다. 질병이 진행하면서 폐렴, 호흡장애, 신장장애 등 장기 손상에 대해서도 파악해서 각 장기를 최대한으로 보호하는 치료를 해야 한다.

실제로 이런 대증적인 치료가 환자를 구하는 것이다. 바이러스를 죽이는 치료는 바이러스 감염 초기에 중요하지만, 질병이 진행하면 그 과정에서 발생하는 다양한 의학적인 문제를 해결하는 것이 더 중요하다. 이렇게 대증적인 치료를 하여 환자가 질병에서 벗어날 수 있는 시간을 벌면서 합병증이 발생하지 않도록 치료한다.

우리나라의 의료수준은 이런 다양한 의학적인 문제를 해결하는데 손색이 없다. 따라서 바이러스 치료제가 없다고 너무 공포에 떨 필요는 없다.

바이러스성 전염병에 대처하는
우리의 자세

치료제가 없는 바이러스 질환은 특히 예방이 중요하다. 바이러스에 감염되면 우리 몸의 면역체계에서 이를 제거하기 위해서 항체를 만든다. 이 항체가 있으면 바이러스가 몸에 들어와도 살지 못하기 때문에 질병으로 진행하지 않거나, 질병으로 발전해도 빨리 회복될 수 있다.

즉 근본적인 내 몸의 면역기능을 강화하는 것이 더 중요하다. 스트레스, 수면장애, 운동부족, 영양불량 등은 면역기능을 악화시킨다. 면역기능을 강하게 유지하기 위해서는 잘 먹고, 잘 자고, 적당히 운동하고 능동적으로 생활하는 것이 필요하다.

■ 운동

규칙적으로 운동하면 건강에 좋다는 것은 삼척동자도 다 아는 사실이다. 1주에 5일 간 40분 정도 걷는 운동을 하면, 호흡기 감염 시 증상이 약 5일 정도로 운동을 하지 않는 사람들의 평균 기간 9.5일보다 현저히 짧았다(스포츠와 운동의 의학과 과학지, 1998, 30:679-686). 운동이 면역기능을 개선하는데 도움이 된다면 운동을 많이 하면 할수록 면역기능이 더 좋아질까? 물론이다. 적당한 운동은 혈액순환을 개선하고 근육의 양이 늘어나면서 기본적인 체력과 면역기능이 개선된다.

그러나 뭐든지 지나치면 좋지 못한 것처럼 운동도 마찬가지다. 심하게 하면 우리 몸에서 활성 산소의 발생이 많아지면서 세포가 노화되고 면역기능도 떨어질 수 있다. 운동을 많이 하면 세포가 자극을 받고, 대사작용이 빨라진다. 세포가 대사작용을 하면 활성산소라는 일종의 노폐물을 배출하는데, 이 활성산소는 세포를 산화시키고 세포의 기능을 저해하는 물질이다. 우리 몸은 이런 활성산소를 제거하는 능력이 있는데 이를 항산화력이라고 한다. 우리 몸에서 배출하는 활성산소의 양이 정상적인 항산화력보다 많으면 몸 안에 활성산소의 농도가 높아진다. 이 때 활성산소 때문에 면역력이 더 나빠진다. 따라서 심한 운동은 건강에 해가 된다.

2008년 국제적인 학술지 〈PLoS ONE〉에 1998년 독감이 유행하던 홍콩에서 운동과 사망률에 대한 연관성을 다룬 논문이 발표되었다. 1998년 홍콩에서 사망한 성인 총 24,656명 중 65세 이상이 81%이었다. 65세 이상이고 호흡기 질환으로 사망한 사람은 4,365명이었다. 독감 유행 시기에 사망한 사람들 중에서 운동을 전혀 하지 않거나 한 달에 한 번 이하로 하는 사람들과 비교해서 한 달에 2회 이상, 1주일에 3회 이하로 운동한 사람들에서 호흡기질환으로 사망할 위험이 약 40% 낮았다. 그러나 1주에 4회 이상 운동하는 사람들에서는 이런 차이가 나타나지 않았다(PLoS ONE 2008, 3 e2108). 운동을 자주했을 때 면역기능에 오히려 해가 될 수 있다는 결론이다. 운동을 하면 우리 몸에 활성산소의 농도가 증가하고, 이는 우리 몸에 염증 반응이 증가한다. 이렇게 염증 반응이 증가하면 면역기능이 약해진다. 따라서 운동 후에 염증 반응과 활성산소 농도가 증가하는 현상이 정상으로 환원되도록 시간이 필요하다.

운동과 관련된 다양한 연구 결과를 종합하면 운동을 하되 지나치지 않게 하는 것이 좋다. 몸짱 열풍이 일면서 자신의 체력과 몸 상태에 맞지 않는 운동을 하거나, 유명 헬스트레이너의 운동법을 덮어놓고 따라하는 사람들이 있다. 과도한 운동으로 체력이 떨어졌는데도 운동을 놓지 못하는 '운동중독'도 심심찮게 눈에 띈다. 한 번에 30~60분 정도로, 빠르게 걷기나 자전거타기와 같은 유산소 운동과 근력운동 그리고 스트레칭을 본인이 좋아하는 방식으로 즐기면서 하는 것이 가장 좋다.

■ 삼림욕

적당한 운동은 건강에 좋다. 특히 나무가 많은 자연에서 하는 육체활동은 면역기능을 개선하는 효과가 있다. 일본의 도시에서 대기업에 근무하는 직원들을 대상으로 숲길을 걷는 운동을 전후해서 혈액 내에 존재하는 면역세포인 '자연살해세포'의 기능을 조사했더니, 숲길을 걷는 운동을 2시간만 해도 면역세포인 자연살해세포가 50% 이상 증가하고 기능도 개선되었다(국제면역병리학과 약학지 2007, 20: 3-8). 나무들이 내뿜는 피톤치드에 의해서 면역기능이 개선되고 스트레스 호르몬의 농도를 감소시키는 효과도 확인되었다(생물학적 조절제와 항상성물질 2008, 222: 45-55).

이런 숲길 걷기의 면역기능개선 효과와 스트레스 호르몬 감소효과는 도시에서 걷는 운동을 했을 때는 발견되지 않았다(국제면역병리학과 약학지 2008, 21: 117-127). 따라서 체육관이나 헬스클럽 등 실내에서 하는 운동보다는 주말에 야외활동을 하거나, 점심시간을 이용해서 가까운 공원에서 자연을 즐기면서 걷는 활동이 더 좋다.

■ 식사

면역력을 높이고 생명을 연장하기 위해서는 칼로리 보충이 꼭 필요하다. 우리 몸의 세포가 정상적으로 유지하고 재생되기 위해서 각종 영양소가 균형 있게 섭취되어야 한다. 수분, 탄수화물, 단백질, 지방, 비타민, 미네랄 등 우리 몸이 필요로 하는 영양소의 종류는 다양하다.

탄수화물은 우리 몸에 들어오면 분해되어서 당분으로 변화한다. 당분은 세포에서 필요한 에너지를 내는 연료 역할을 한다.

우리가 섭취하는 탄수화물에서 분해된 당분의 양이 세포가 사용하는 에너지를 내고 남으면, 남은 당분은 지방으로 변해서 간과 피하 혹은 복부에 쌓이게 된다.

단백질은 근육을 만드는 주성분이다. 팔다리, 몸통의 근육과 심장, 위, 장 그리고 동맥의 벽에도 근육이 존재하는데, 이들 근육도 모두 단백질이 주성분이다. 따라서 단백질 섭취가 부족하면 팔다리 근육뿐만 아니라 심장, 위장 그리고 소장, 대장에 존재하는 소량의 근육도 모두 부족하게 된다. 지방 역시 세포의 중요한 구성성분이다. 세포를 둘러싸고 있는 세포막은 단백질과 지방이 서로 지지하는 형태를 이루고 있다.

우리 몸의 세포는 당분을 받아들이고 대사작용을 통해서 에너지를 사용한다. 또한 한 번 생긴 세포들은 제 기능을 다하면 죽고 다시 새로운 세포가 생기는 순환을 한다. 이렇게 세포의 대사작용이나 재생하는데 당분, 단백질, 지방 그리고 비타민과 미네랄이 필요하다. 만일 비타민과 미네랄이 부족하면 세포는 기능을 상실하고, 새로운 세포가 잘 만들어지지 않는다.

이렇듯 다양한 영양성분이 우리 몸에서 활동하고 있고, 이들 중 어느 한 가지라도 부족하면 세포의 기능이 부실해진다. 그런데 우리는 살을 뺀다는 명목으로 영양소 섭취를 과격하게 줄일 때가 너무나 많다. 12주 간 하루에 1,200~1,300칼로리씩 섭취를 줄인 다이어트를 하여 체중을 8~9킬로그램씩 감량한 사람들에서 백혈구 중 면역기능을 하는 임파구의 반응이 약해진다는 연구결과도 있다(Medicine and Science in Sports and Exercise, 1998, 30:679-686). 칼로리를 제한하는 다이어트를 하면 영양소를 골고루 섭취하기 어렵고 그 결과 면역기능이 나빠진다. 따라서 음식을 골고루 규칙적으로 섭취하는 것이 좋다.

바이러스가 몸 안으로 침범하면 세포 안으로 뚫고 들어가야 한다. 바이러스가 몸에 들어오면 우리 몸의 면역세포들이 총동원해서 바이러스를 퇴치하는 작업을 한다. 가장 먼저 혈액 중의 대식세포가 바이러스를 삼키면, 우리 몸에서 선천적으로 존재하는 자연살해세포(natural killer cell:NK 세포)가 바이러스를 삼킨 대식세포를 공격해서 파괴한다. 또 바이러스를 삼킨 대식세포는 사이토카인이라는 단백질을 분비해서 단핵세포들을 자극한다.

이 단핵세포들은 면역글로블린이라는 물질을 만들어서 바이러스를 무력화시킨다. 대식세포와 자연살해세포들이 미처 처리하지 못한 바이러스들이 호흡기와 같은 장기의 세포들 안으로 들어가면 세포 안에서 증식하고 세포를 파괴하면서 질병이 시작된다. 따라서 대식세포, 자연살해세포, 단핵세포와 같은 면역기능에 관여하는 다양한 세포의 기능을 유지하기 위해서는 굶는 다이어트는 좋지 않다. 면역기능과 건강을 유지하기 위해서 칼로리 섭취가 충분하고 각종 영양소를 고루 섭취하는 규칙적인 식사가 필요하다.

■ 수면

우리 몸은 낮과 밤을 구분하는 생리적 시계라는 기능이 있다. 이 생리적인 시계는 자연히 잠을 잘 수 있도록 하고 성장호르몬, 성호르몬 그리고 부신피질호르몬 등 호르몬의 분비를 조절한다. 생리적 시계는 눈을 통해서 들어오는 빛의 양에 의해서 조절된다. 인공조명에서 생활하는 현대인들의 생리적 시계는 불량이다. 일출에 맞추어서 일어나서 활동하고 일몰이 되면서 활동이 줄어들고 잠을 자야 하는데, 밤늦게까지 밝히는 인공조명은 우리의 생리 시계가 낮으로 인식하여 뇌를 계속 각성상태로 유지하게 된다. 이렇게 뇌가 각성상태를 유지하면 호르몬이 교란되어 불면증이 생긴다. 뿐만 아니라 면역력 저하로 각종 질환을 야기할 수 있다.

안타깝게도 현대인들은 너무 바쁘다. 잠까지 줄이면서 활동하는 사람들이 많다. 야근으로 밤을 새우면서 일하거나, 자는 시간까지 줄이면서 공부를 하고, 잠자리에서도 휴대전화를 보면서 정보를 찾거나, 게임을 하는 사람들이 많다. 자는 시간은 우리 몸이 스스로 고장 난 부분을 고치는 시간이다. 활동하는 시간에 수집했던 정보를 분류하고 장기기억보관소로 보내고, 고장 난 세포들을 보완하는 기능을 한다.

수면시간이 부족하면 정신적인 반응 속도가 느려진다. 잠을 못자면 정신 집중이 안 되고 문제를 해결하기 어려운 것을 경험해보았을 것이다. 집중력, 판단력이 줄어들고 우울해진다. 이런 정신적인 문제뿐만 아니라 면역능력도 저하한다. 잠을 못자면 우리 몸이 스트레스로 반응하고 이 스트레스 호르몬은 면역기능을 억제한다. 잠을 못 자고 스트레스가 많으면 입술에 포진, 감기, 장염, 대상포진 등 각종 질환이 나타나는 경험을 하는 사람들이 많다.

과로와 수면부족은 면역기능을 해친다. 면역기능이 약해지면 우리 몸에 잠복해 있던 나쁜 세균이나 바이러스들이 활동해도 스스로 막을 기능이 없어지는 것이다. 독감이나 메르스 혹은 사스와 같은 전염성 질환에 걸릴 위험도 높아진다. 건강을 위해서는 충분히 잠을 자는 것이 좋다.

질좋은 수면을 위해서는 인공조명을 없애고 편안하고 조용한 분위기를 만드는 것이 필요하다. 성인에서 수면시간은 7~8시간이 적당한데, 대부분 6시간 이상 숙면하면 건강에 무리가 없다고 하지만 개인 차이가 크다. 낮에 30분 미만의 짧은 낮잠도 피로 회복과 면역기능 개선에 도움이 되지만, 지나치게 오랜 시간 자는 것은 도움이 되지 않는다.

■ 햇빛

우리 몸의 뼈를 유지하고 면역기능을 유지하는데 중요한 비타민D는 햇빛에 노출되었을 때 피부에서 생성된다. 인공조명으로는 결코 만들어지지 않는다. 주로 실내에서 활동하는 도시인들은 햇빛을 받을 기회가 적기 때문에 점심시간이나 틈틈이 햇빛을 쐴 수 있도록 노력해야 한다.

■ 자기주도적인 삶

사람은 생후 2년 정도부터 자아가 생기기 시작해서 나와 타인의 구별이 뚜렷해지고, 주관적인 소견이 생긴다. 이때부터 사람은 누구나 자신의 삶을 주관적 영위하려고 한다. 자율적으로 살고자 하는 의지가 막히고 수동적인 삶을 강요받으면 삶에 대한 의욕이 떨어진다. 의욕이 떨어지면 우리 뇌에서 창의력과 행복감을 유지하는 세로토닌의 생산이 감소한다. 세로토닌이 감소하면 우울해지고 면역기능이 감소해서 건강도 악화된다.

많은 직장인들이 능동적인 삶보다는 수동적인 삶을 살고 있다고 느낀다. 자신의 삶을 긍정적으로 바라보고 적극적으로 개척하는 것만으로도 건강이 좋아질 수 있다. 자신의 삶에 대해 어떻게 바라보고 대처하느냐가 몸 건강과 마음 건강을 함께 좌우한다.

면역기능을 유지하기 위한 제안

1. 잠을 충분히 잔다.
2. 과일, 채소, 육류 등 고르게 식사한다.
3. 당분 섭취를 줄인다.
4. 과식을 하지 않는다.
5. 일주일에 1회에서 3회 정도 한번에 30분 이상 가볍게 운동한다.
6. 앉아 있는 시간을 줄이고 일하는 틈틈이 몸을 움직인다.
7. 햇빛을 받을 시간을 갖는다.
8. 숲속에서 운동할 수 있는 기회를 자주 갖는다.
9. 실내의 환기를 자주한다.
10. 비누로 손을 자주 닦는다.
11. 기침을 할 때는 휴지로 입을 가린다. 휴지가 없을 때는 소매부리를 이용한다.
12. 사람이 많이 모이는 밀폐된 공간에 머무르는 시간을 줄인다.
13. 긍정적으로 생각한다.
14. 자신의 삶을 주도적으로 이끈다.

첫 번째 책 〈스웨덴 사람들은 왜 피곤하지 않을까〉를 출판했을 때, 책으로 엮을 만큼의 긴 글쓰기가 얼마나 힘든지 뼈저리게 느끼며 엄청나게 후회가 됐다. 그러나 출판된 후 서점에서 내 이름이 박힌 책을 만나고 적지 않은 사람들이 책을 읽고 도움이 된다는 말을 해 주었을 때, 나의 노력이 작지만 사람들에게 도움이 되었다는 보람과 기쁨을 느꼈다. 첫아이 출산고통을 금세 잊고 둘째아이를 계획하는 엄마처럼, 나는 첫 책을 출판할 때까지 겪은 고민과 밤늦게까지 글과 씨름하던 어려움을 다 잊어버리고 또다시 이 책을 구상하게 되었다.

사람들은 건강에 관심이 많다.

우리나라의 장시간 노동, 인구밀집한 도시생활, 각종 스트레스 등이 건강에 악영향을 미치고 그렇기 때문에 건강을 스스로 챙겨야 한다는 의식이 강하다. 이런 국민들의 정서에 편승해서 확인되지 않은 건강정보, 건강에 좋다는 음식, 건강기능식품 그리고 건강검진까지 유행이다.

건강은 건강할 때 지키는 것이 가장 좋은 방법이다. 그러나 건강을 지키겠다고 찾아서 먹는 렌틸콩, 퀴노아, 아싸이베리 등 이름도 생소하고 먼 나라에서 우리나라까지 온 식품들은 과연 건강에 얼마나 도움이 될까? 비싼 가격만큼 제 구실을 할까? 또 건강기능 식품들은 정말 건강에 좋은 것일까? 거기에 더불어 국민건강보험에서 제공하는 건강검진을 못 미더워하고 고가의 종합검진을 하는 사람들도 많이 있는데, 과연 이런 검진은 우리의 건강을 지켜주는 좋은 방법일까? 건강에 관심이 많은 우리나라 국민들이 이런 여러 가지 의문점에 대한 균형 있는 생각을 할 수 있도록 돕기 위해서 글을 썼다.

출판을 위한 글쓰기가 거의 끝나갈 무렵 우리 사회에는 두 가지 커다란 건강에 관련된 사건이 벌어졌다. 한 가지는 여성 갱년기에 좋다고 이름이 난 여러 가지 백수오 제품의 원료가 건강기능성 원료로 허가받았던 물질이 아니고 유사한 물질이었다는 소식이었다. 텔레비전 방송 그리고 홈쇼핑 방송 등 넘쳐나는 백수오에 대한 건강상식과 광고에 힘입어서, 지난 2~3년 간 백수오 제품의 인기가 좋았고 그 결과 엄청난 물량의 제품이 만들어져서 팔려 나갔다. 이런 과정에서 백수오 제품에 허가받지 않은 원료가 사용되었다는 것이 사건의 개요이다.

이런 파문이 일고 보니 이미 백수오를 먹은 사람은 과연 내가 먹은 것은 진짜 백수오일까, 아닐까? 아니라면 건강에 위해는 없을까? 하는 걱정이 생기기 시작했다. 백수오를 이미 구입한 사람들은 반품하는 사태가 벌어졌으며, 백수오를 만드는 회사와 판매 회사들은 엄청난 사업상의 손실이 발생했다. 뿐만 아니라 백수오가 진짜 건강에 도움이 되는가 하는 근본적인 의문까지 발생했다.

나는 이 사태를 보면서 과연 우리가 건강을 위한다는 명목으로 돈을 쓸 때 정확한 가치를 확실하게 알고 쓰는 것일까 하는 의문을 갖게 되었다. 입증되지 않은 건강상식을 믿고 건강에 좋다는 건강기능식품을 사먹는 것은 과연 현명한 일일까. 여기에는 상업적인 목적으로 이런 세태에 편승한 의사들이 있다는 점에서 같은 의사로 반성하는 마음도 들어 있다.

또 다른 한 가지는 중동호흡기증후군(middle east respiratory syndrome: MERS-메르스) 이다. 메르스가 유행하고 있는 사우디아라비아를 다녀 온 70대 남성이 메르스에 감염된 후에 국내에 들어와서 여러 병원을 거치면서 국내 감염자들이 생긴 사건이다. 처음으로 메르스 전염이 보도되었을 때 사망률이 40%에 달한다고 알려지면서 혼란이 시작되었다. 여기에는 자신감 있게 대처하지 못한 정부기관의 잘못도 있지만, 기자들의 선정적인 기사도 한몫 했다고 생각한다. 미디어는 메르스가 현대적인 역병인 듯이 다루었지만 정작 메르스에 대한 상식은 부족해 보였다.

메르스 감염에 대한 확인되지 않은 정보가 난무할 때 이 혼란을 용기 있게 잡아 준 의사들이 없었다. 부정확한 정보가 난무하는 속에서 애먼 국민들만 공포에 떨어야 했다.

학교가 폐쇄되고 메르스 환자가 다녀 간 병원의 일부가 폐쇄되는 혼란이 있는 와중에 세계보건기구는 전염의 경로를 알지 못하고 의료 환경이 열악한 나라는 여행 금지국이나 메르스 전파 위험국가로 지정하지만, 한국과 같이 전염경로를 잘 파악하고 의료환경이 우수한 나라는 메르스 전파 위험국가가 아니라는 공식 발표를 했다. 미국이나 유럽 등 대다수에 나라에서도 우리나라로의 여행금지나 위험 경고와 같은 공식적인 발표가 없다.

공포에 질린 국민들의 여론에 밀려서 허둥대는 정부의 대처에 실망할 무렵, 세계보건기구와 미국 정부의 균형 있는 시각에 안도의 한숨이 나왔다. 다행히도 몇몇 소셜 미디어와 방송에서도 서서히 메르스가 이전에 유행한 독감의 종류들보다 전염력이 약하다는 인식이 확산되었다. 또 메르스에 감염되어도 감기보다는 증상이 심하지만, 신속하게 치료하면 회복되는 질환이라는 것도 알려지고 있어서 불행 중 다행이다.

백수오 사태와 메르스 사건 모두 우리나라 특유의 문화라고 생각한다. 남들이 좋다는데 내가 하지 않으면 나만 뒤처지는 것과 같은 심리가 그것이다. 또 메르스 정보가 확실한 지 확인하기 전에 유난히 발달한 인터넷의 소셜 미디어를 통해서 순식간에 확산되면서 눈덩이 불리듯이 공포가 조장된 것도 같은 맥락이다.

이런 검증되지 않은 건강정보 혹은 건강을 챙기는 행동 중에는 건강검진도 포함된다. 우리나라의 건강보험공단에서 제공하는 검진이 꽤나 유용한 정보를 제공하지만, 더 많은 항목을 더 많은 돈을 내고 하지 않으면 유행에서 뒤떨어지는 듯한 느낌이 바로 그것이다.

우리는 어떤 물건이나 서비스를 제공받기 위해 돈을 지불할 때 그것이 꼭 필요한지, 필요하다면 어떻게 활용할 것인지, 그리고 그것을 했을 때의 위험은 무엇이 있는지를 면밀히 따져보고 결정한다. 그런데 이렇게 꼼꼼히 따지는 성격의 사람들도 건강에 좋다는 것과 암을 예방한다는 것 그리고 아이들 공부에 좋다면 거의 이성이 마비되는 듯하다. 이 책은 이런 우리나라 사람들에게 정확한 정보를 제공하고 건강할 때 건강을 지키는 방법을 알려주고자 했다. 건강검진은 건강한 사람이 건강에 이상신호를 조기에 발견하기 위해서 하는 검사이다. 검사를 하는 행위 자체가 건강을 지켜주는 것이 아니고, 검진 결과가 보여주는 정보를 정확하게 활용할 때 건강이 유지된다. 건강검진보다는 건강관리가 더 중요하다.

의사가 의과대학에서 배우는 것은 사람의 몸과 질병이다. 사람의 몸에 눈이 둘, 코와 입은 각각 하나씩, 팔과 다리는 양쪽에 하나씩 등 비슷하고 각 질병마다 진단법과 치료법이 알려져 있다.

그렇지만 질병은 환자의 나이, 성별, 거주지 등에 따라서 참 많이 다르게 나타난다. 특히 환자가 질병을 받아들이는 정서에 따라서도 치료법과 앞으로 예후도 많이 다르다. 그래서 의사는 기본 지식은 의과대학에서 배우지만, 실제로 좋은 의사가 되기 위해서는 환자한테서 배우는 것이 참 많다.

선배 의사들이 거쳐 온 시행착오는 의학논문으로 기록되어서 후대의 의료진에게 많은 가르침을 준다. 나에게 많은 것을 가르쳐 주고 좋은 의사가 되기 위한 도전이 되어 주었던 환자들께 감사한다. 정말 좋은 의사는 아프기 전에 미리 건강을 관리하도록 이끌어 주는 의사일 것이다. 이 책이 많은 사람들에게 건강을 지키는 길잡이가 되길 기원한다.

책을 출판한다는 어려움을 잊고 다시 책 쓰기에 도전할 수 있도록 응원해준 우리 가족들과 병원식구들 그리고 출판까지 물심양면으로 도와주신 엔터스코리아의 박보영 팀장에게 감사를 보낸다.